设计引力

浙江科技学院
艺术设计学院
工业设计系
教学实践

本书编委会　编

中国建筑工业出版社

图书在版编目（CIP）数据

设计引力 浙江科技学院艺术设计学院工业设计系教学实践 / 本书编委会编. —北京：中国建筑工业出版社，2011.4
ISBN 978-7-112-13081-8

Ⅰ. ①设… Ⅱ. ①本… Ⅲ. ①工业设计–教学实践–高等学校 Ⅳ. ①TB47

中国版本图书馆CIP数据核字（2011）第052987号

责任编辑：李晓陶
责任设计：陈 旭
责任校对：姜小莲 赵 颖

设计引力 浙江科技学院艺术设计学院工业设计系教学实践
本书编委会 编
*
中国建筑工业出版社出版、发行（北京西郊百万庄）
各地新华书店、建筑书店经销
北京三月天地科技有限公司制版
北京顺诚彩色印刷有限公司
*
开本：880×1230 毫米 1/16 印张：9¼ 字数：225千字
2011年7月第一版 2011年7月第一次印刷
定价：**58.00**元
ISBN 978-7-112-13081-8
(20483)

序

“十一五”期间，浙江科技学院工业设计专业取得的成绩是有目共睹的，专业发展态势良好，无论在教师的科研业绩、项目教学、毕业设计、学生参赛、专利申请等方面都取得了不俗业绩，专业建设特色明显，教学结合浙江产业，学生创新成绩优异，在业内的学术地位和知名度得到显著提高。

这是一个年轻有活力的群体，青年教师事业心强，学生刻苦努力。自2007年工业设计获校重点专业建设立项后，2010年又获得教育部卓越工程师试点计划立项，这是对工业设计专业取得成绩的肯定，同时面临更大的挑战。而如何培养一线的工业设计师，加强校企合作，专业建设更紧密结合浙江产业发展，以项目教学和产学研结合为教学特色，以创新与实践能力培养机制为核心，以卓越试点计划为契机，争取专业建设标志性成果，专业方向得到进一步拓宽，将成为工业设计专业“十二五”期间的主要工作。

《设计引力》是工业设计校重点专业建设立项后的第二本师生作品，撰此短文，以为序。

徐迅 教授

2011. 5. 16

目录

课程教学

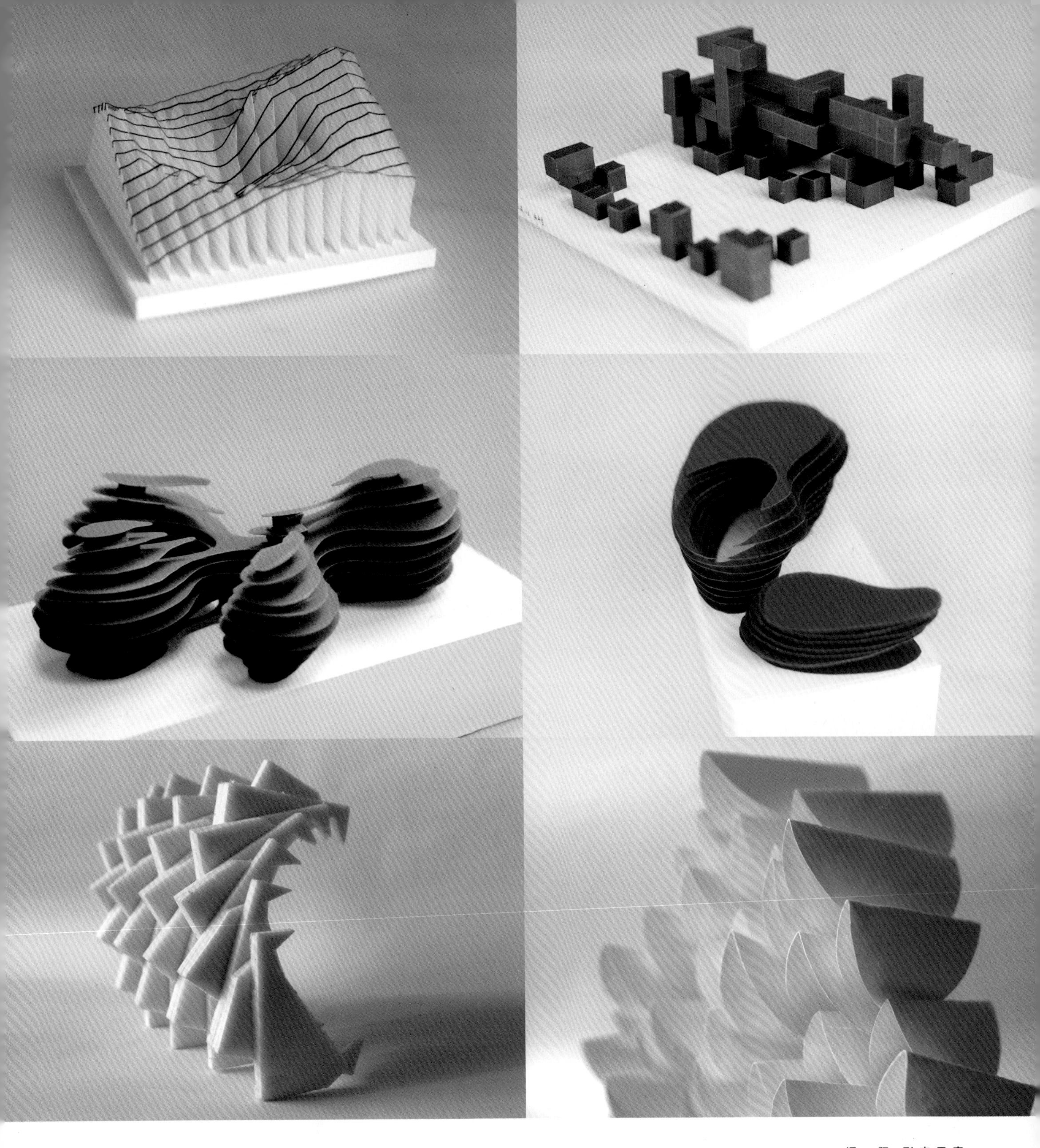

课　　程：形态元素
指导教师：王　卓　华梅立

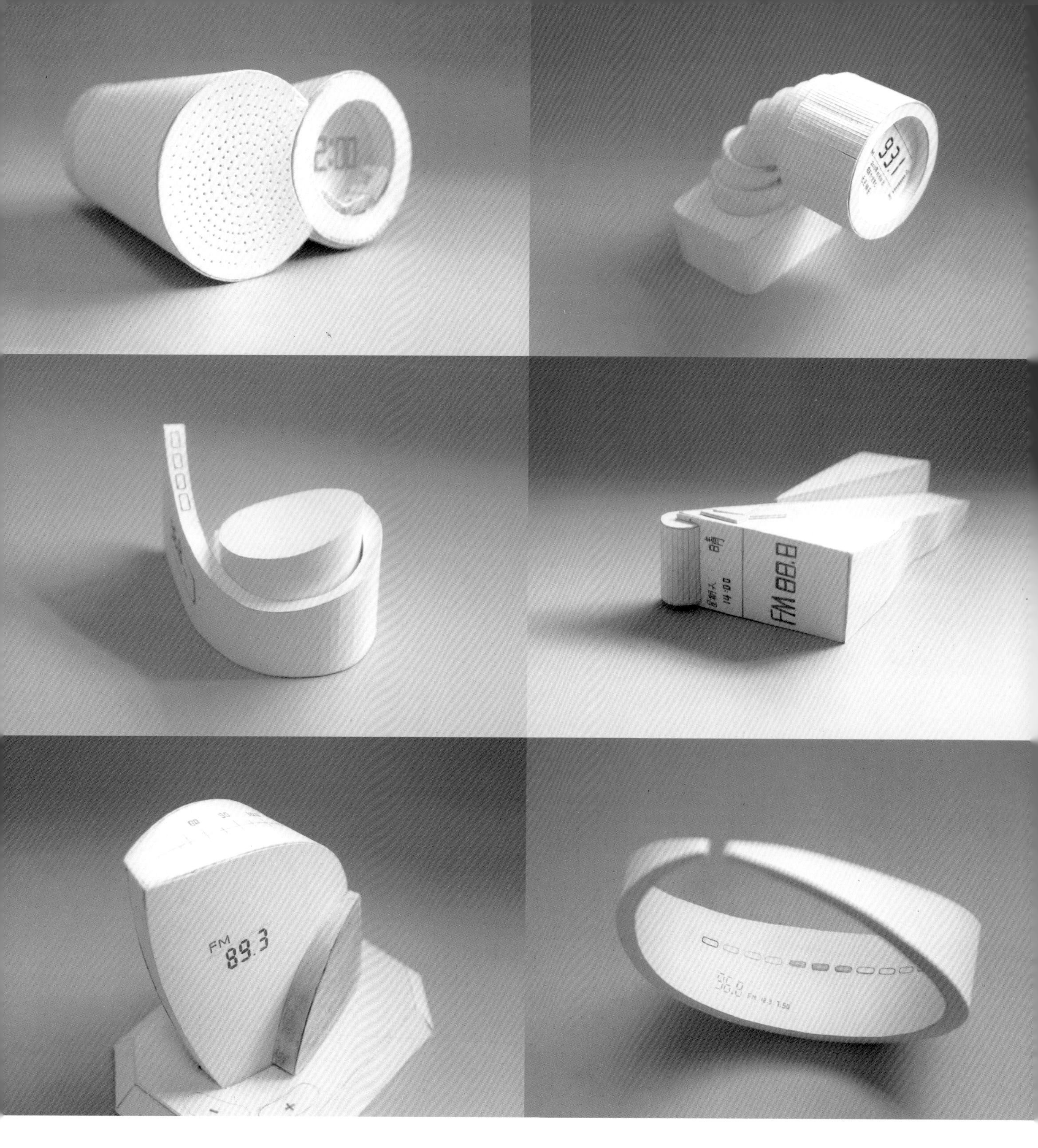

课　　程：收音机造型练习
指导教师：王　卓

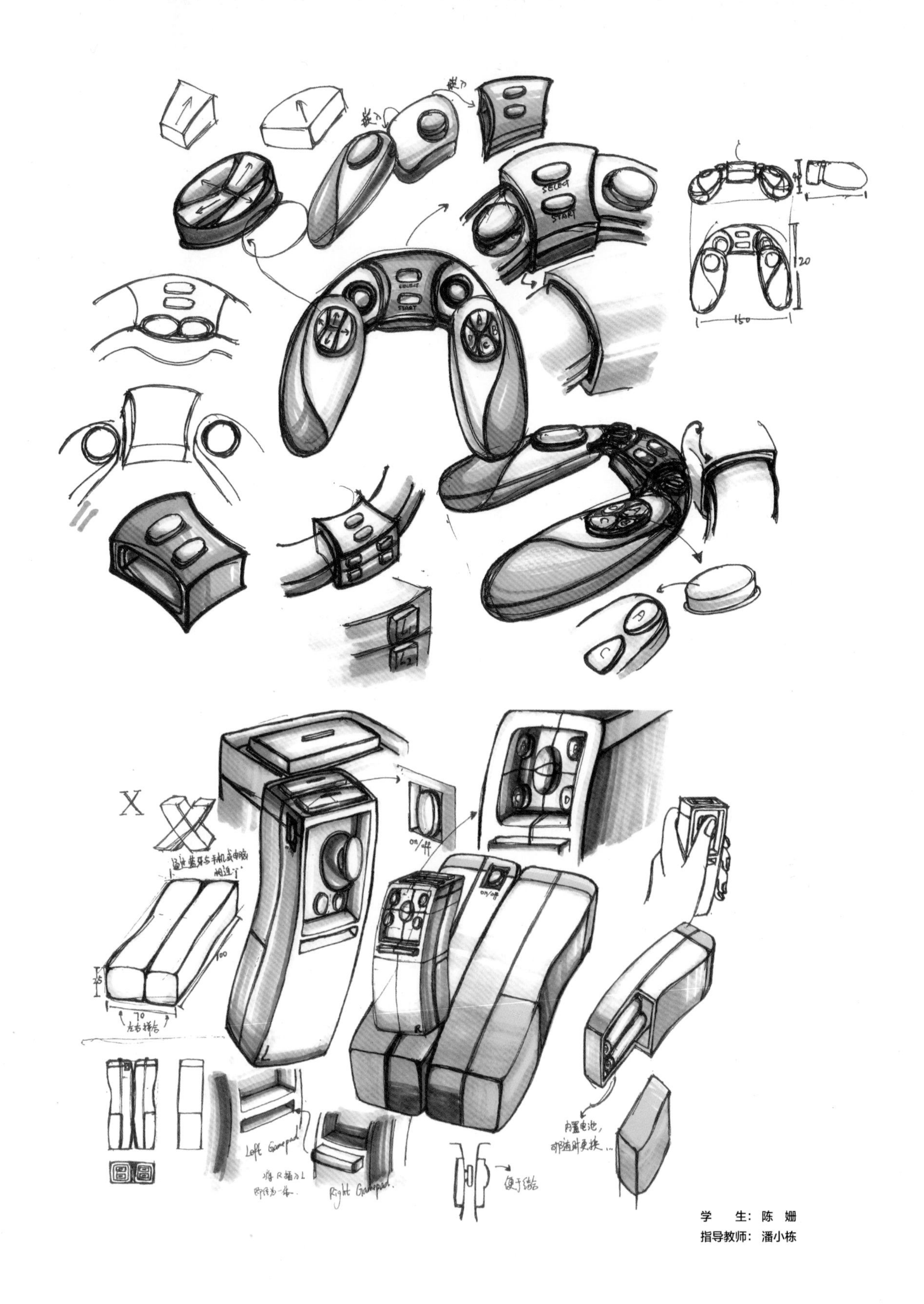

学　生：陈　姗
指导教师：潘小栋

学　　生：梁文燕
陈　锋
指导教师：潘小栋

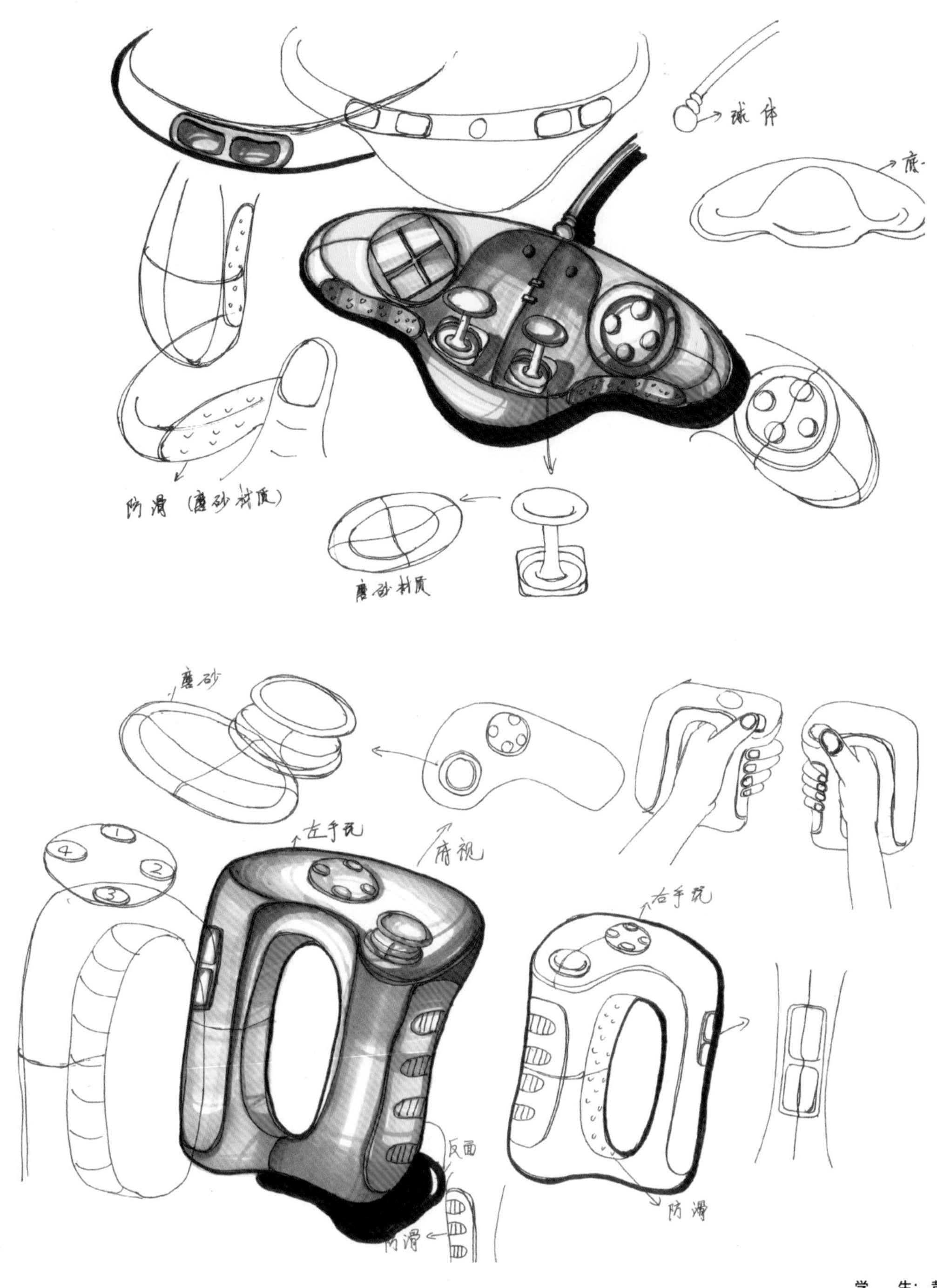

学　　生：黄璐璐
指导教师：潘小栋

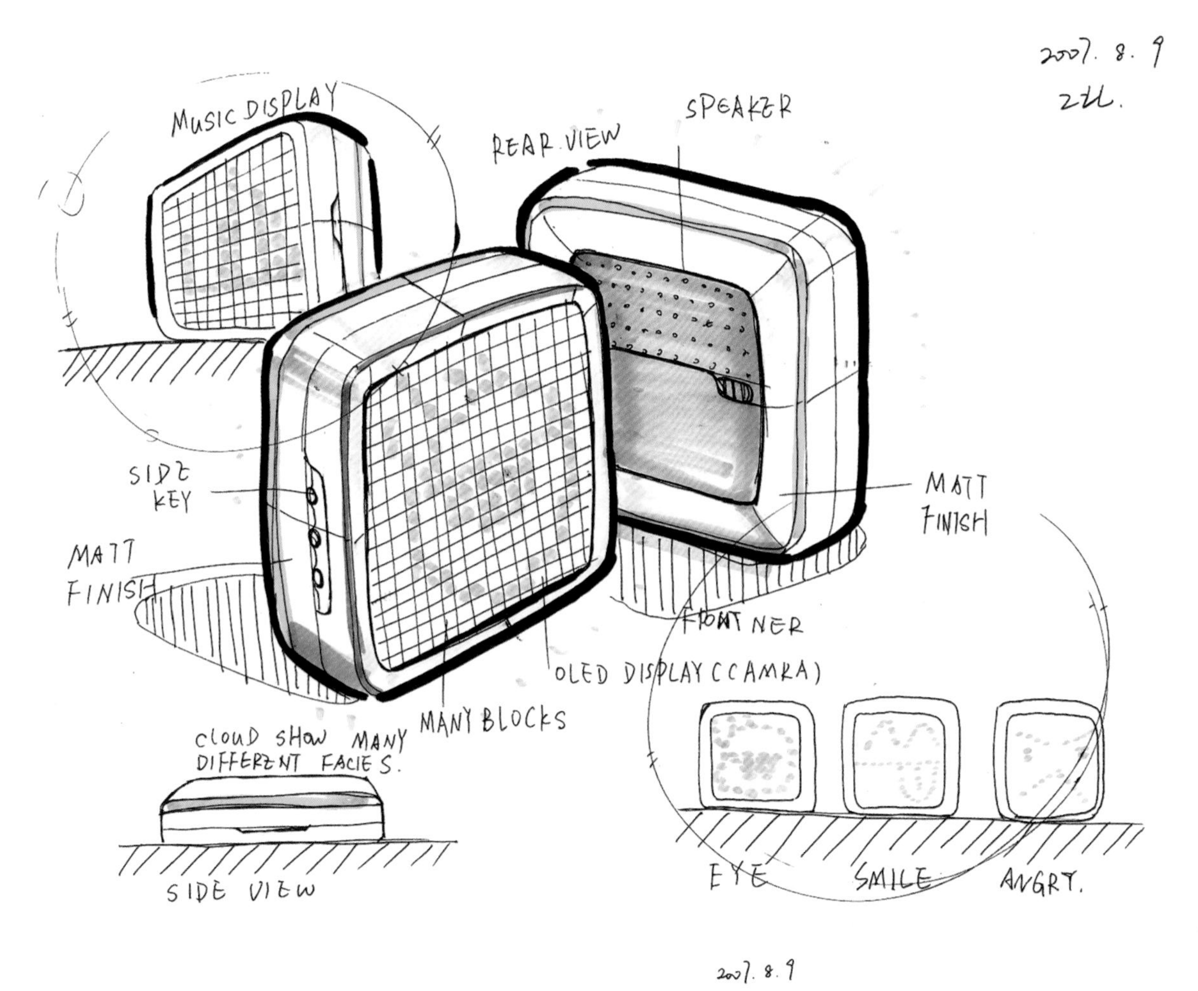

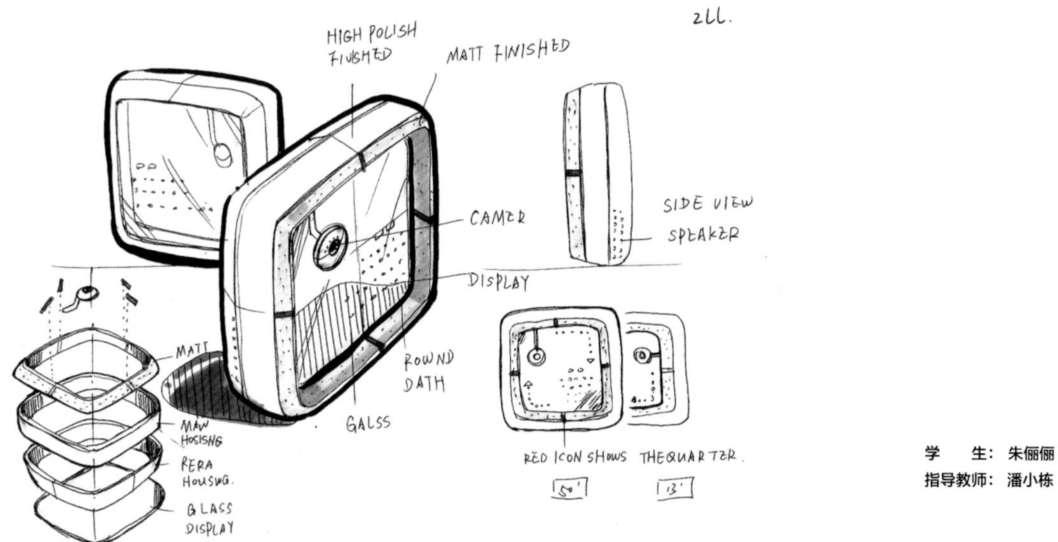

学　　生：朱俪俪
指导教师：潘小栋

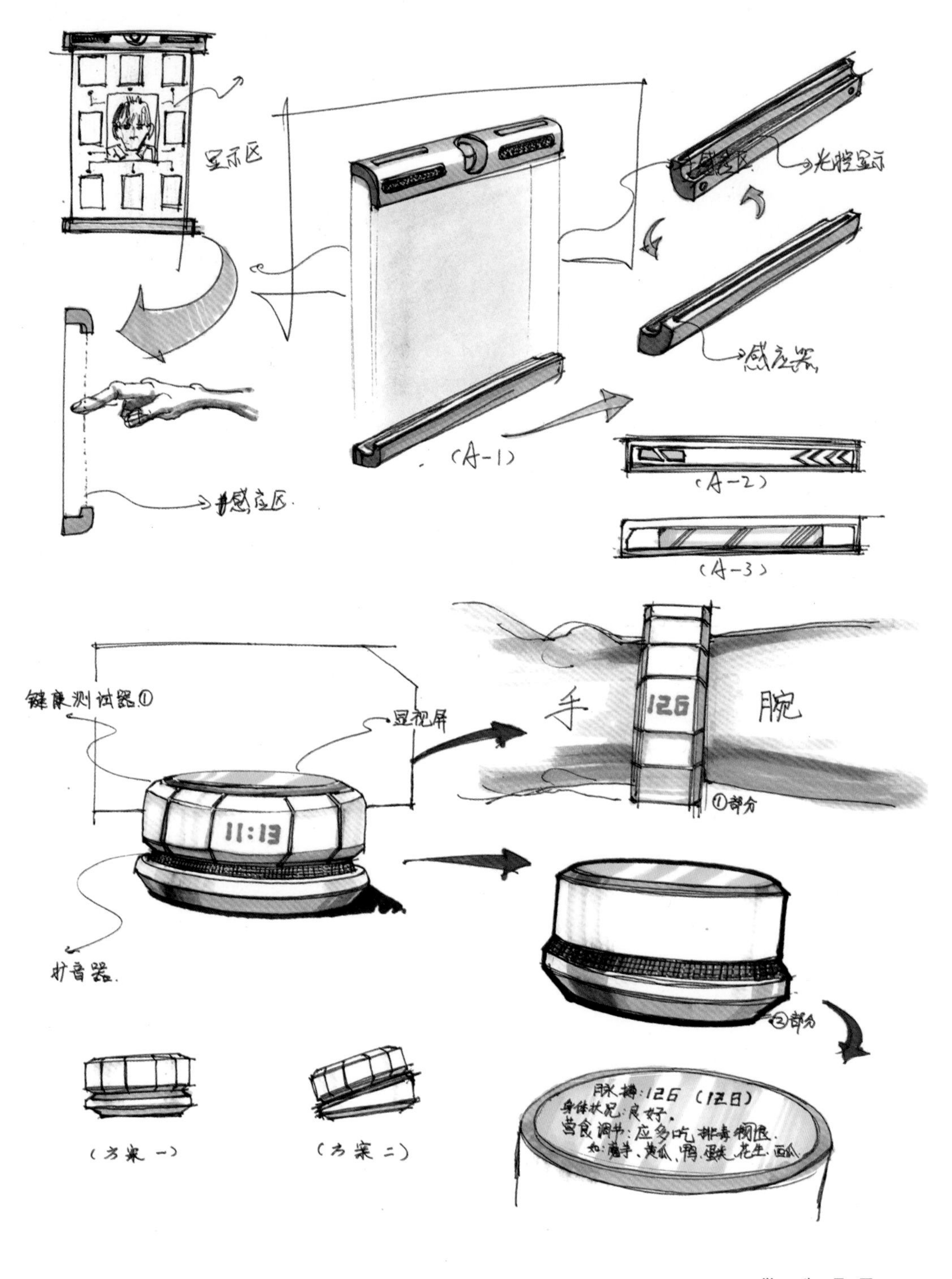

学　生：桑　磊
指导教师：卢艺舟

学　　生：蔡培良
夏　涛
指导教师：裘　航

学　　生：朱　焘
指导教师：卢艺舟

学　生：刘　扬
指导教师：卢艺舟

学　　生：郑一帆
指导教师：卢艺舟

学　　生：杨燕琼
指导教师：裘　航

学　　生：费　妍
指导教师：卢艺舟

学　　生：陈德鑫
指导教师：潘小栋

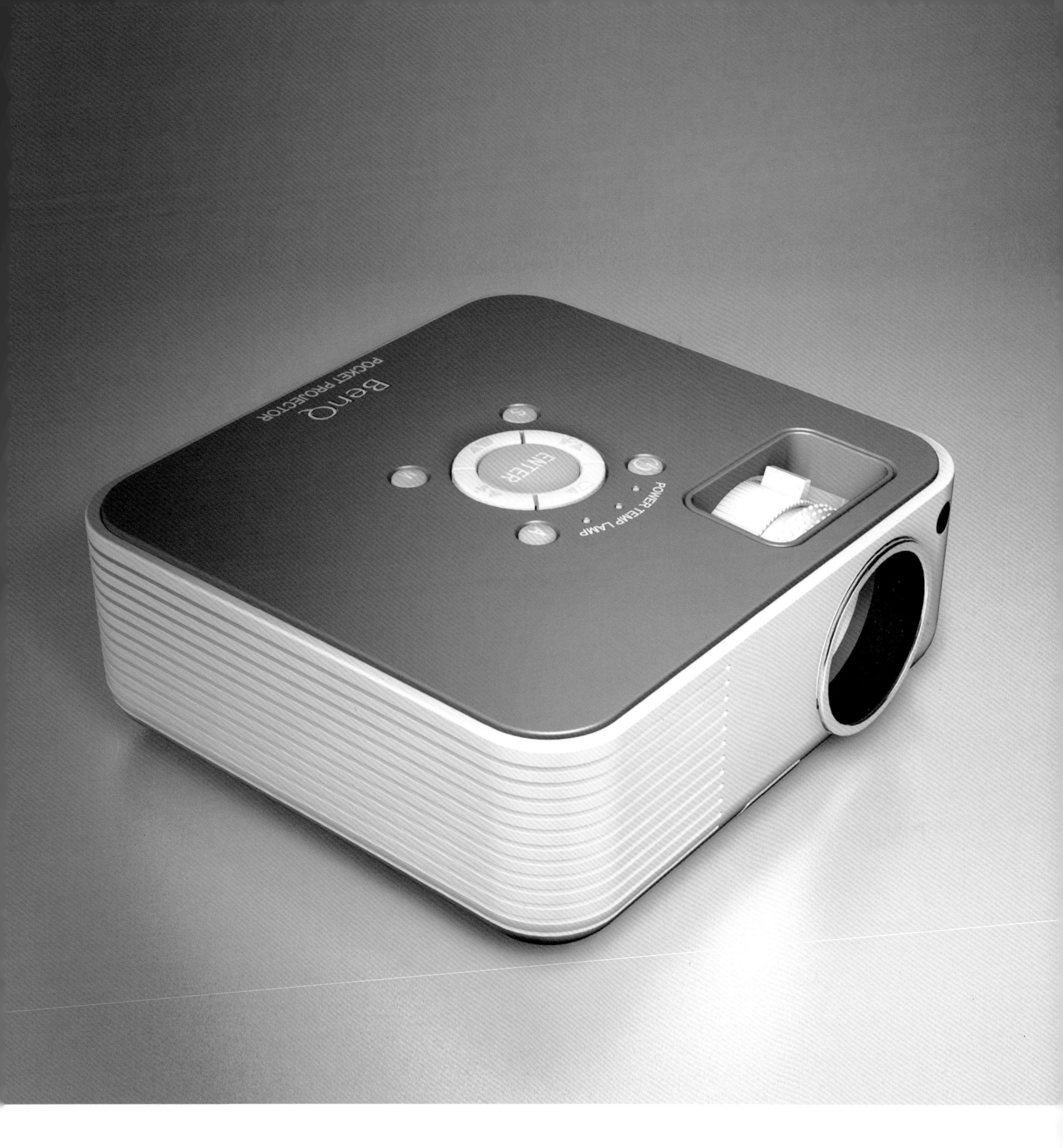

学　生：刘 扬
指导教师：卢艺舟

学　　生：蔡培津
指导教师：潘小栋

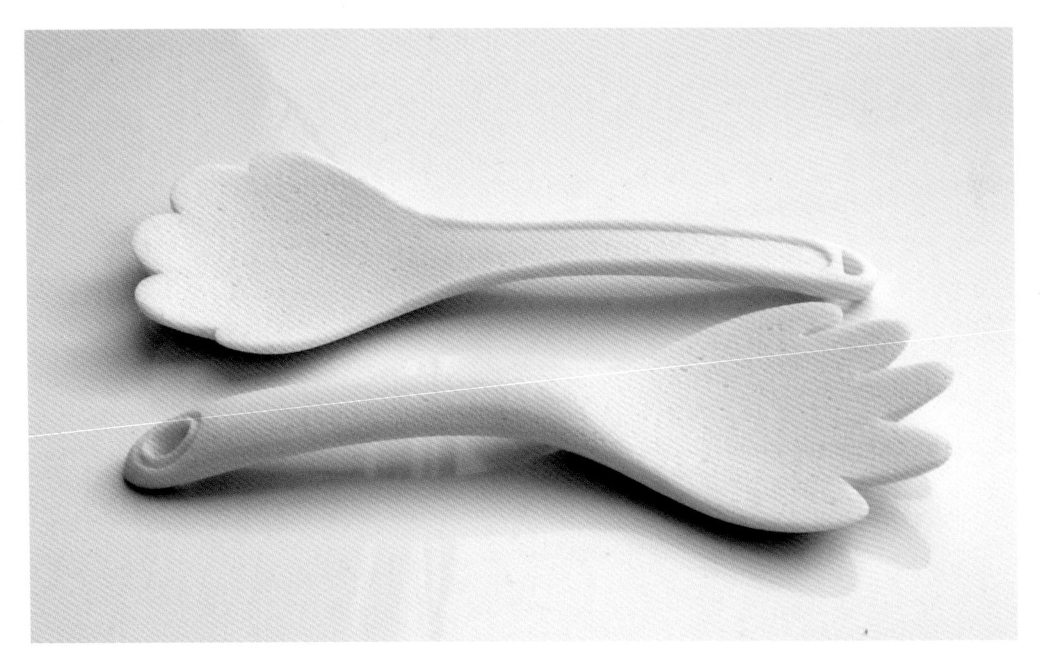

学　　生：叶伶俐
指导教师：潘小栋

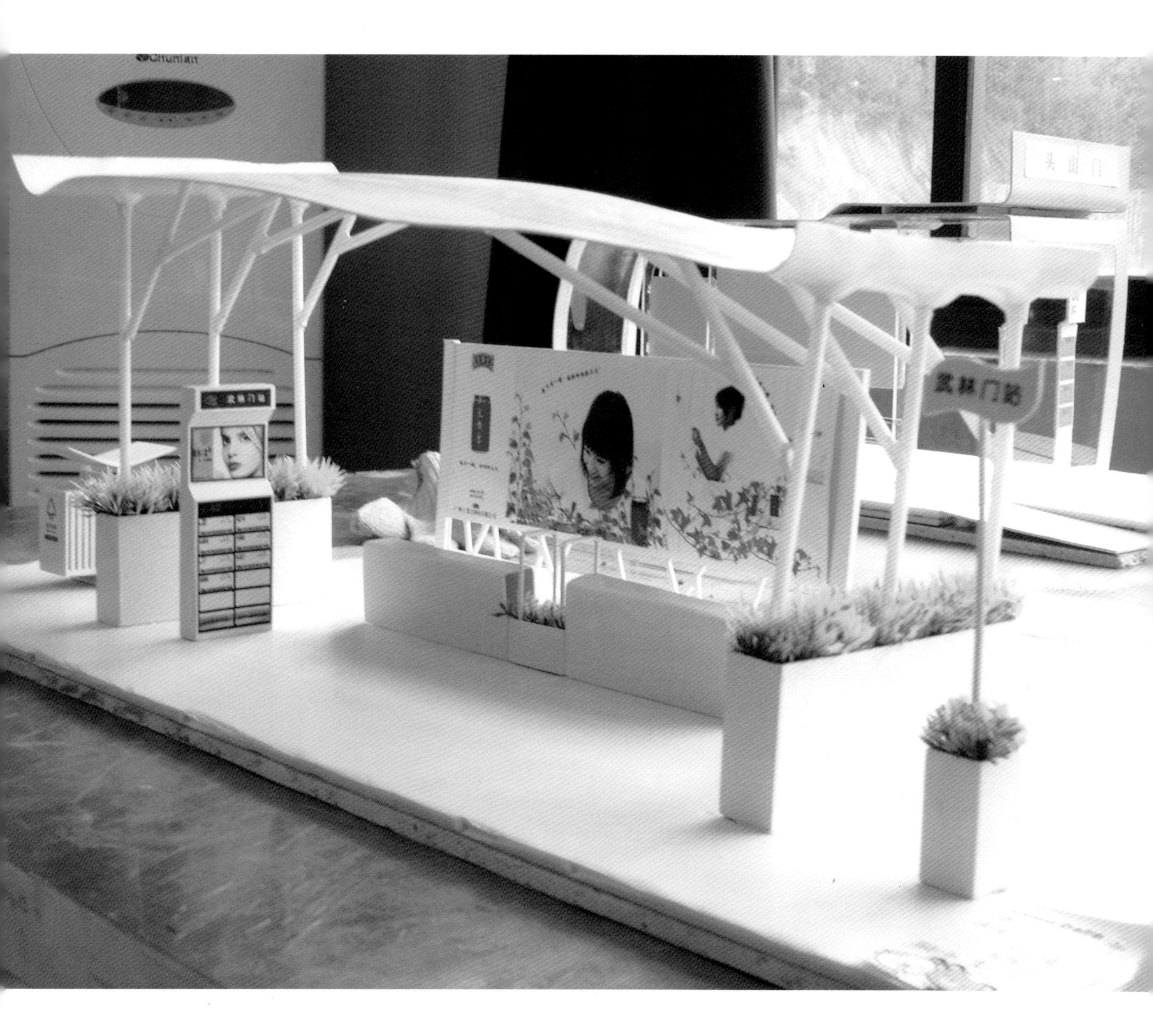

学　生：林　文
林东曙
周德丽
指导教师：李久来

学　生：罗 莎
指导教师：李久来

学　生：吴锦伟
指导教师：李久来

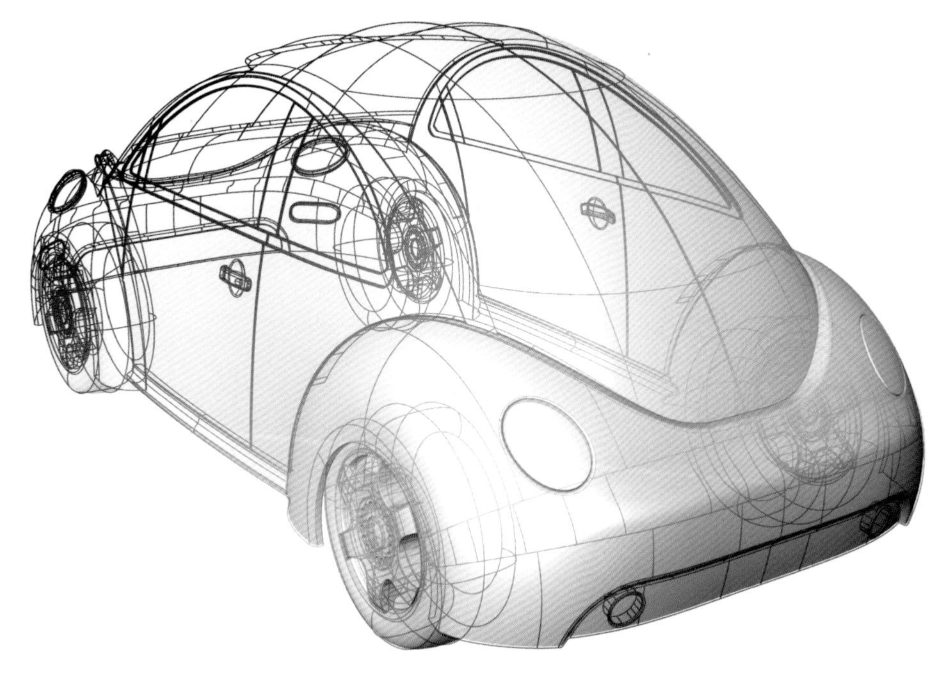

学　生：郭 铁
指导教师：卢艺舟

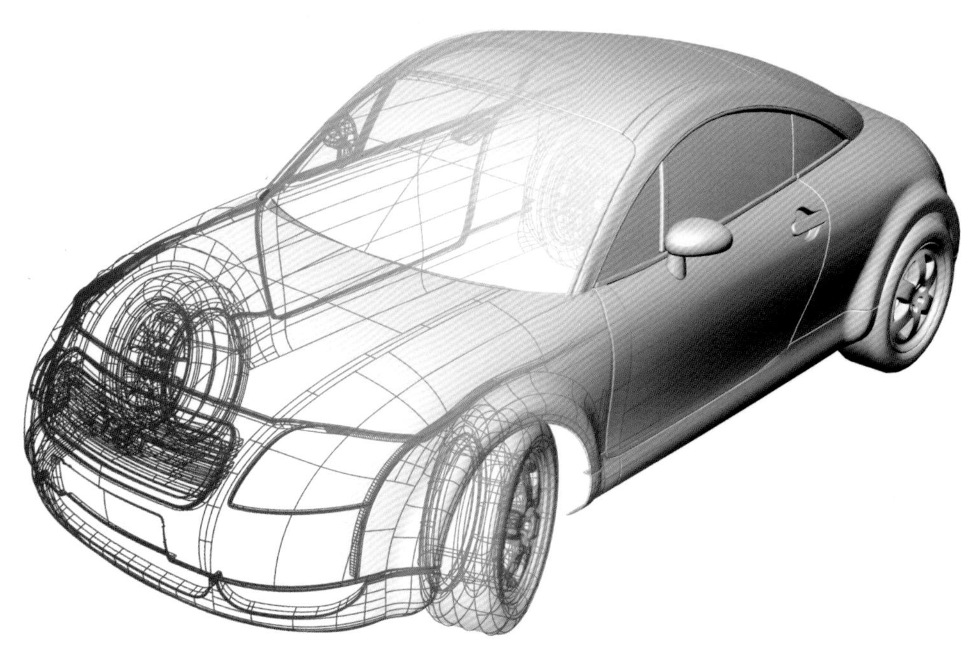

学　生：吴锦伟
指导教师：卢艺舟

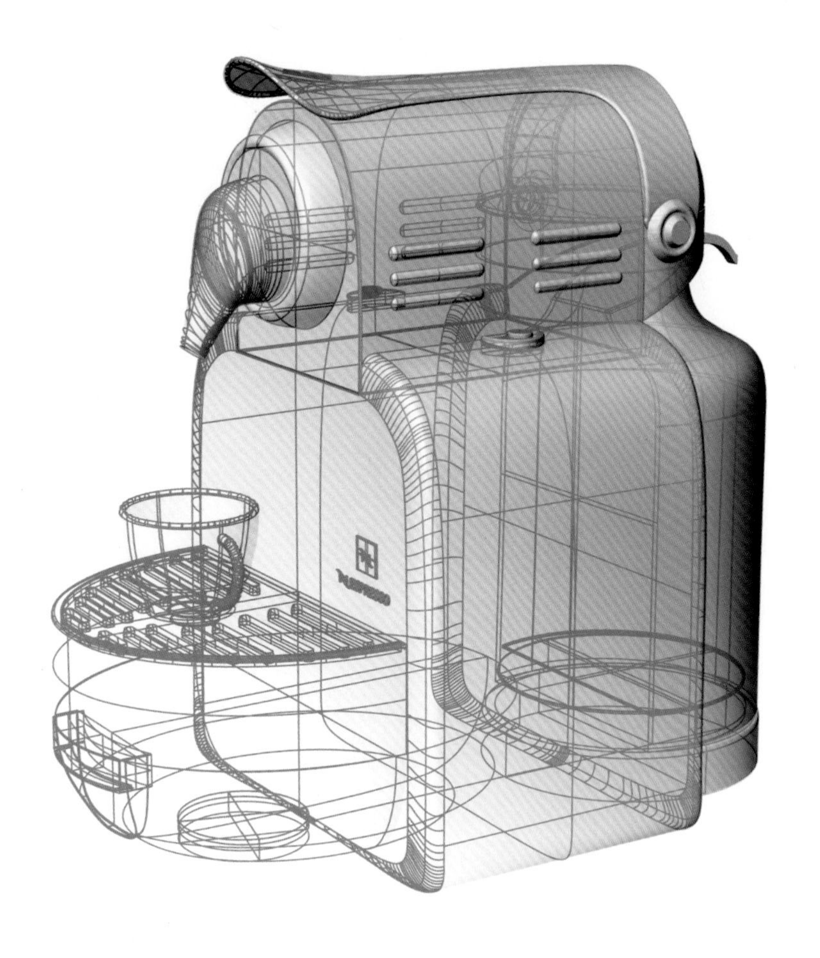

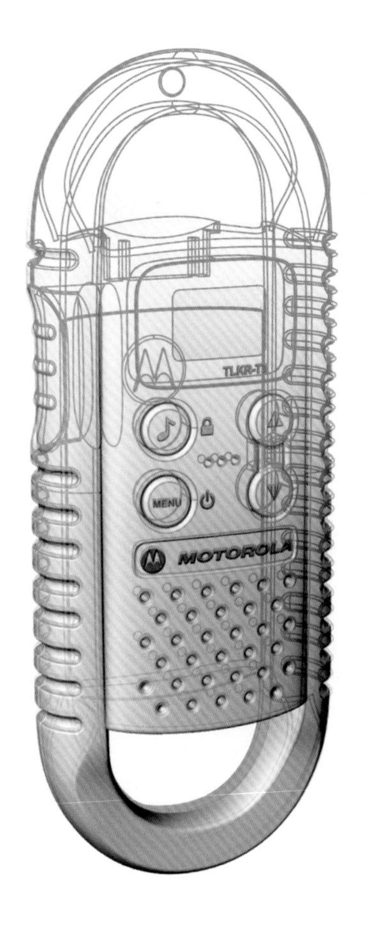

学　　生：张亚婷
刘川委
指导教师：卢艺舟

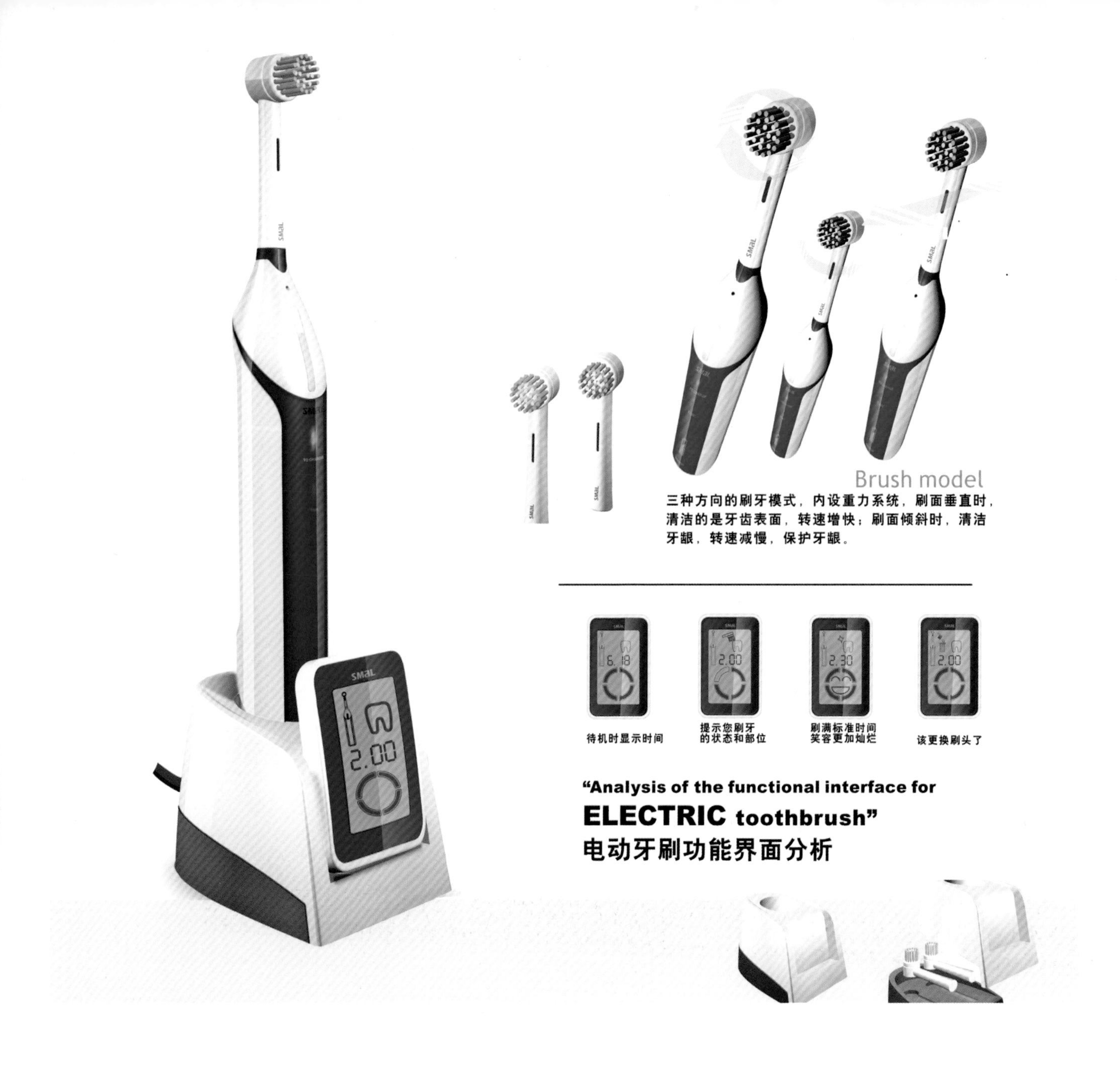

"喜刷刷"电动牙刷

学　　生：陈成立

指导教师：郑林欣

此款牙刷的设计采用了先进科技，提供了三种方式的刷牙模式。内设重力系统，刷面垂直时，清洁的是牙齿表面，转速增快；刷面倾斜时，清洁牙龈，转速减慢，保护牙龈。显示屏提示刷牙的状态和部位，刷满标准时间时屏幕会出现笑容，并会定时提示更换刷头。先进的科技给你带来前所未有的刷牙乐趣，让你轻松健康地享受刷牙的过程，让你更了解自己的牙齿状况，为你打造更人性化的刷牙方式。

源汁LIFE

学　生：卢　旭
指导教师：卢艺舟

提取树木枝干形态为设计元素，将杯架巧妙地置于两侧，使得该豆浆机设计别致而统一。此外，为迎合豆浆饮用者的不同口味，特别设计了两个不同的出浆口，并以色彩加以区分。

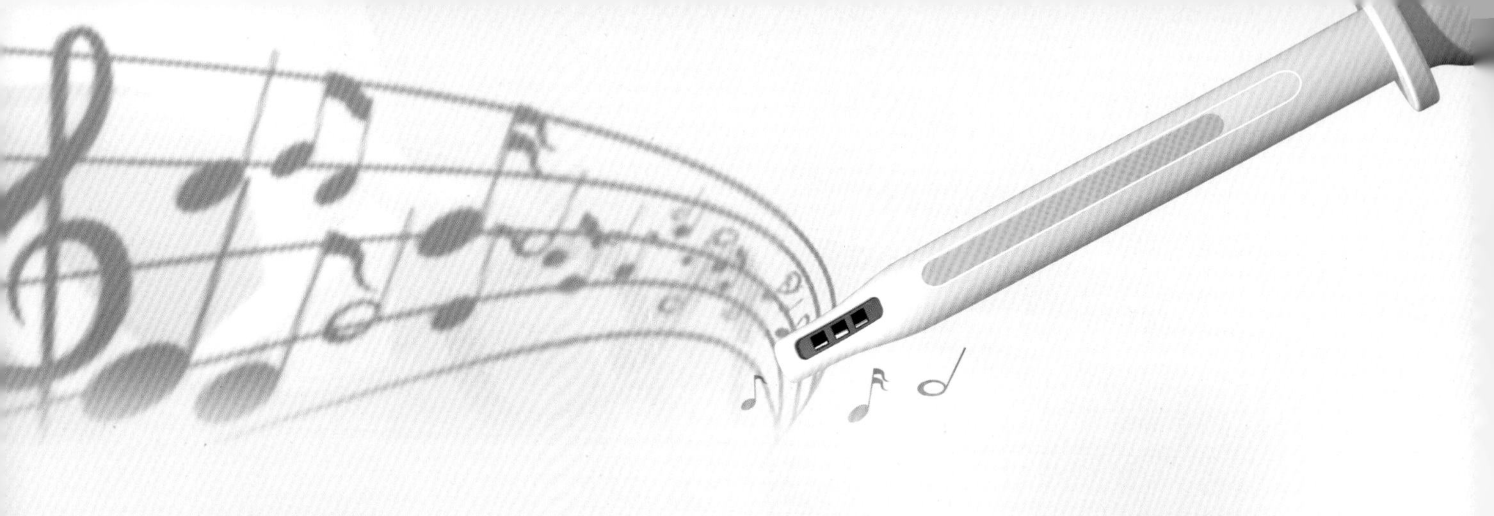

音乐吸管

学　生：胡立钊　徐　俊　王宇标
指导教师：朱吟啸

此款音乐吸管的设计灵感来源于吸管，当你需要时，用吸管器“吸取”音乐，通过内置麦克风采样，只需采取几十秒的音源，随后通过3G 网络将音源的波段数据发送到网络服务器，经过快速分析识别，得到该音乐的相关信息，如曲名、主唱、专辑名、发行商等数据，该信息传回到吸管后，最终在机身显示区中显示出来。该设计构思新颖而巧妙，很好地解决了生活中所遇到的普遍性问题，真正体现了设计源于生活细节的特点。

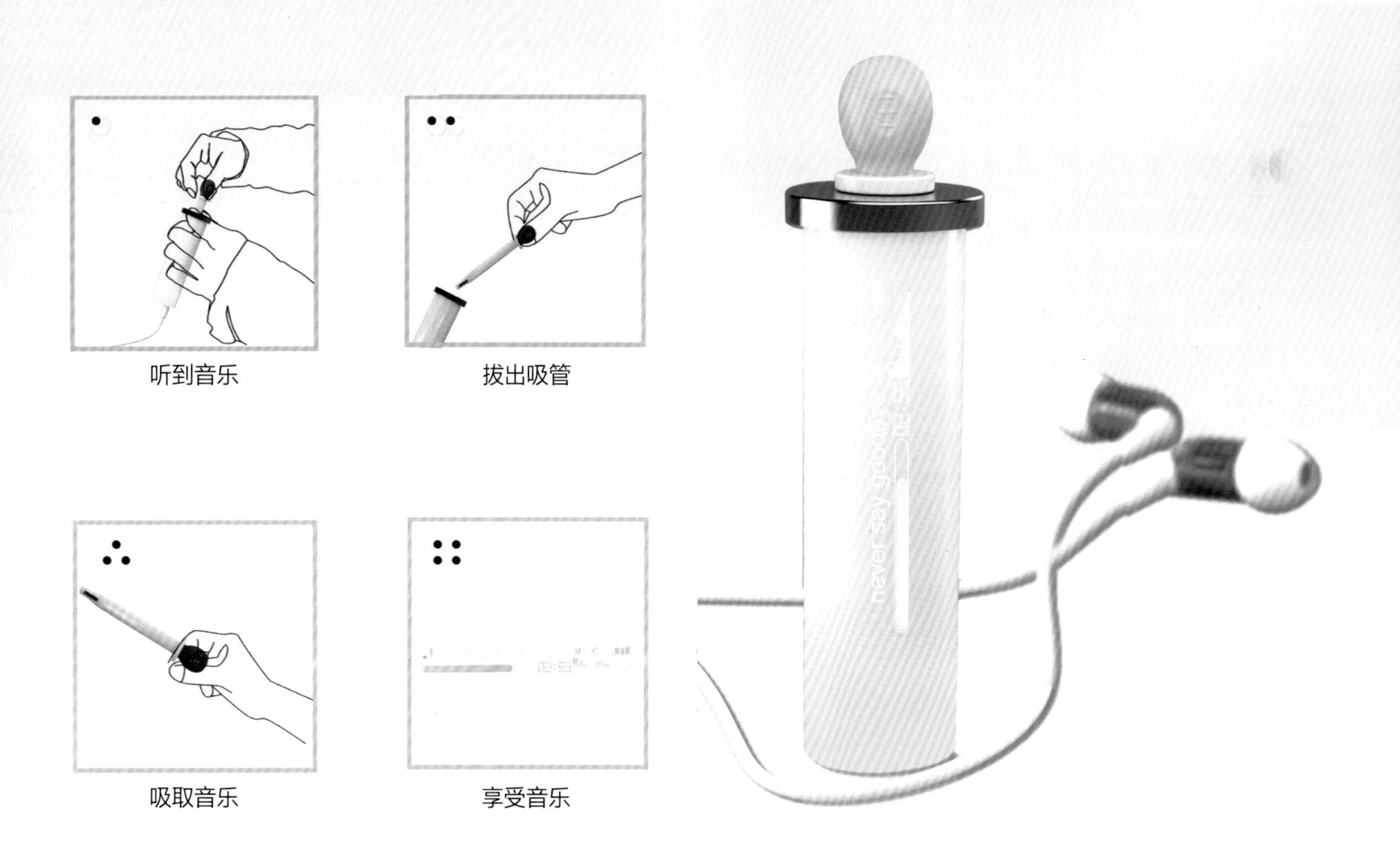

听到音乐　拔出吸管　吸取音乐　享受音乐

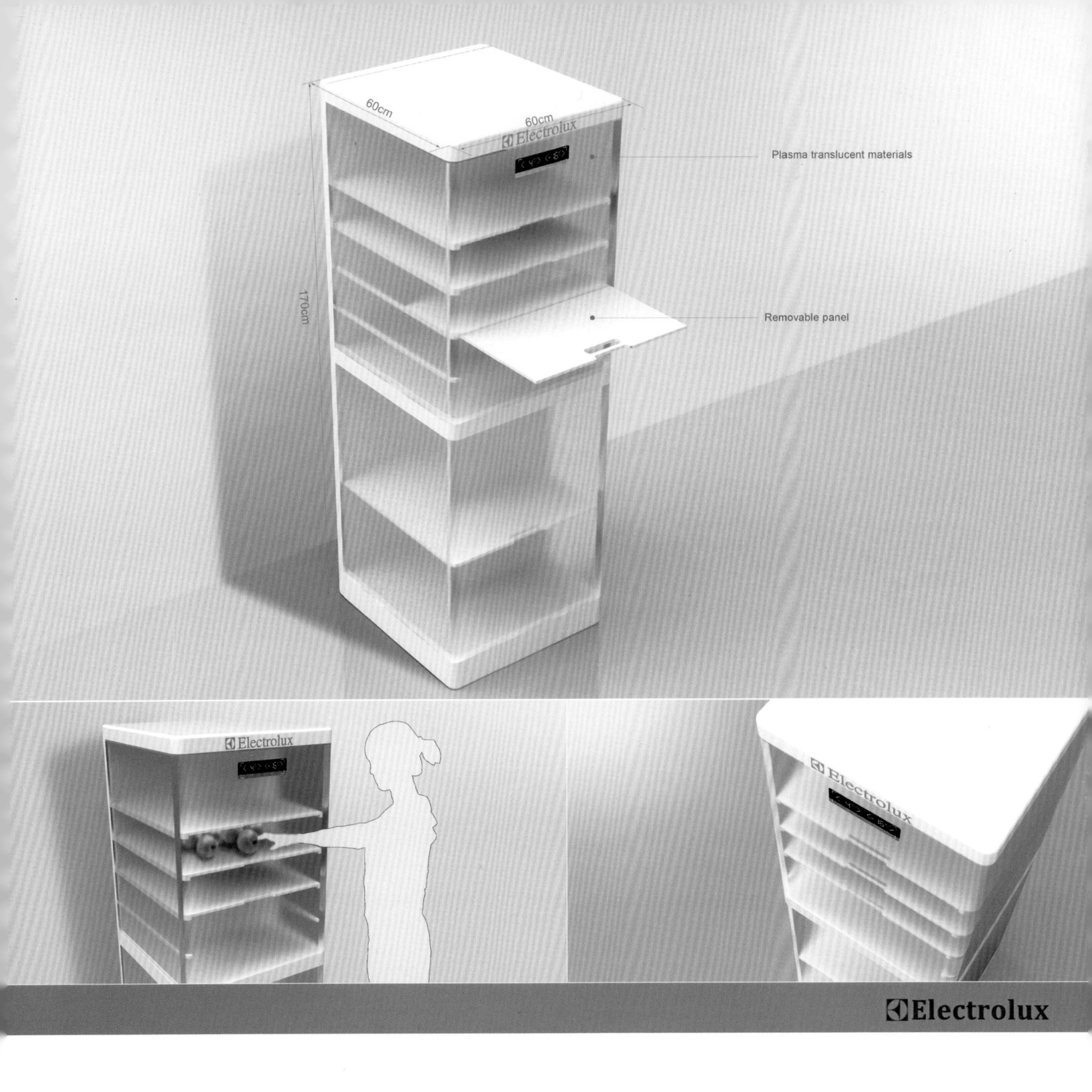

[NO DOOR REFRIGERATOR]

学　生：林苗苗
指导教师：裘　航

此款电冰箱的门是由半透明等离子材料构成，它既可以允许被穿过，同时也阻止外部的热量转移到冰箱内部。半透明等离子材料可以让你对冰箱内部一目了然，所以我们在不打开冰箱门的情况下就可以取到食物。不仅节省冰箱能耗，也使得生活变得更有乐趣。

FISH 订书机

学　生：金　珊

指导教师：蒋佳茜

FISH 便携式订书机设计，整体的造型灵感取自“跃起的鱼”，线条流畅，体积小巧。后部的金属环设计可方便挂在钥匙环等地方，便于携带。与手接触的部分使用磨砂橡胶，防滑易操作。整体金属包边设计，时尚美观。整体仿生的设计给学习、办公、生活带来丝丝趣味。

Zhameng
臂合叉车设计

设计说明:

一项调查显示，大约有28%的人在使用叉车时会遇到因为被搬运的物体太长而发生侧滑的问题；此叉车设计通过一定转轴结构，旋转控制两叉臂的张合来调节叉臂的间距，从而解决了搬运时发生侧滑的问题。产品造型灵感来源于蚱蜢，犹如蚱蜢之臂强健有力。

普通叉车搬运长形物体

搬运时若重心偏差，容易侧滑

通过转轴旋转两个叉臂之间产生一定角度，扩大两叉臂之间的间距，防止侧滑

[Zhameng 臂合叉车]

学　生：刘川委　陈　姗

一项调查显示，大约有 28% 的人在使用叉车时会遇到因为被搬运的物体太长而发生侧滑问题。此叉车设计通过转轴结构，使两个叉子之间产生一定角度，转轴旋转控制两叉臂的张合来调节叉臂的间距，从而解决了搬运时发生侧滑的问题。产品造型灵感来源于一种昆虫 —— 蚱蜢：犹如蚱蜢之臂强健有力。

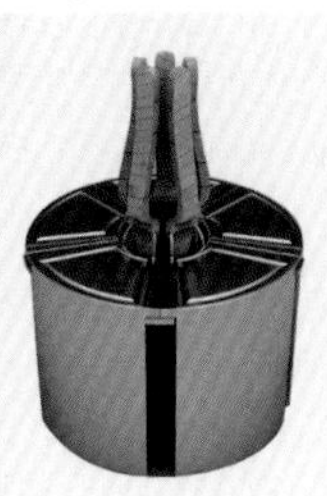

锅子的内部煮
面屉的结构，每
个屉都有单独
的盖子

每个屉的部件都
可单独使用，拆
卸，一个锅可以
煮五种食物

每个屉的部件，都能在煮面配件上找到
对应的位置，用
来稳固屉的
位置

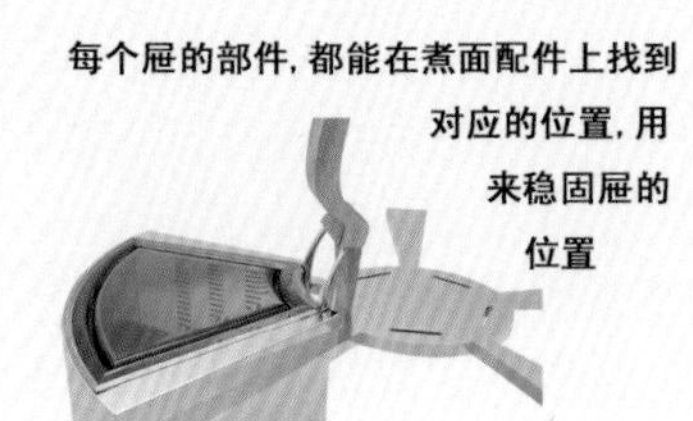

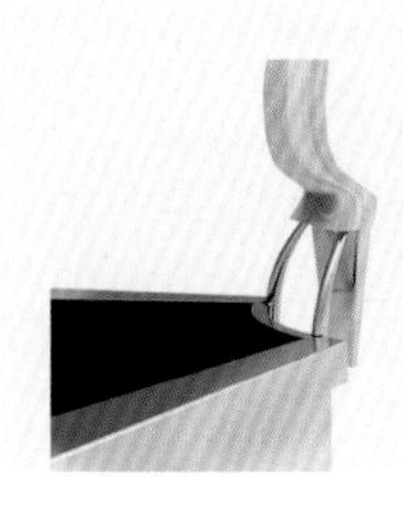

每个屉都可以
单独拆卸，后面
有一个突物，是
用来固定屉的

[面面俱到]

学　　生：毛慧青
指导教师：谭　宁

“面面俱到”汤锅设计是为了满足一个家庭存在的多种口味需求。汤锅的设计结合了不锈钢煮面屉，每个屉的部件都可单独使用、拆卸。煮面屉可以同时煮五种食物，给家庭带来了便利。

E-Light Ruler
光 改变了尺子

Electronic
Light
Ruler

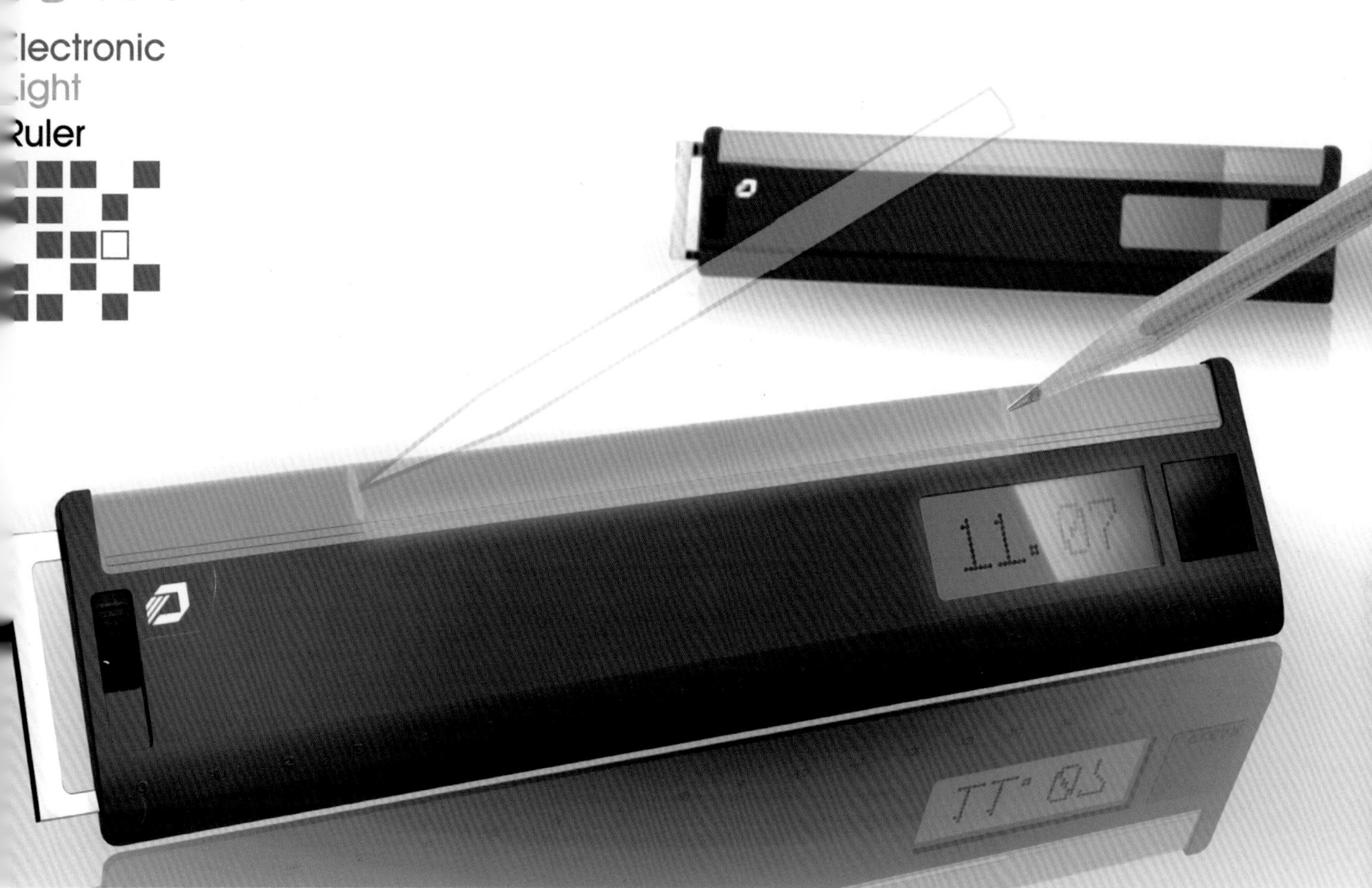

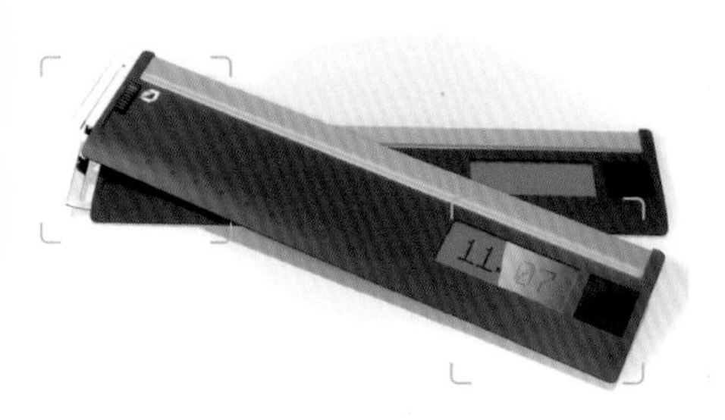

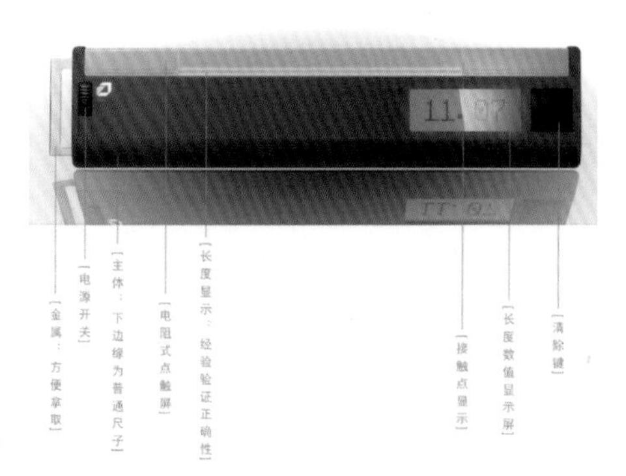

[E-Light Ruler]

学　　生：赵金松
指导教师：蒋佳茜

E-Light Ruler 是一把概念尺。尺的表面是一块电阻触摸屏，具有压力感应作用。测量距离时，用笔接触被测线段两端，电阻发生变化，在 X 和 Y 两个方向上产生信号，并送往触摸屏控制器。控制器侦测到接触信号并计算出（X, Y）的位置，根据数值的变化运算出结果显示在屏幕上，这就是 E-Light Ruler 最基本的原理。此设计具有简洁时尚的外形，并充分考虑了使用的便利性与人性化因素。

天使的「翅膀」

数字点亮生活

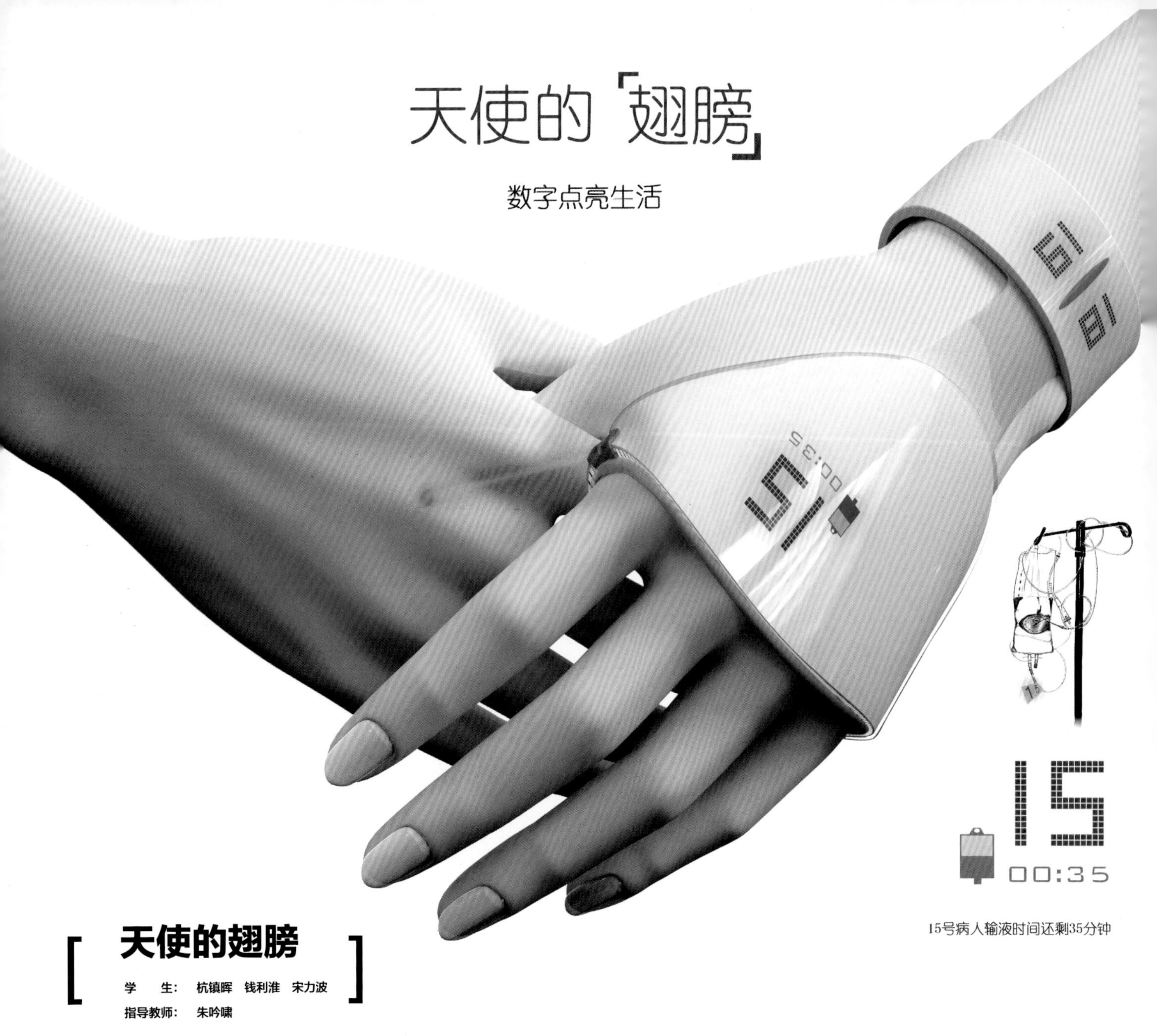

15号病人输液时间还剩35分钟

[天使的翅膀]

学　　生： 杭镇晖　钱利淮　宋力波

指导教师： 朱吟啸

此款输液助手为数字化产品，运用多普勒超声波探测技术，能准确定位静脉，保证了输液扎针的准确度，避免了因错扎而引起的医疗纠纷，提高了护士的工作效率，也缓解了工作压力；远程交互系统通过背投显示清晰可见，能帮助护士准确、及时地进行医护工作。该设计较好地体现了人性化设计的特点，细微中见真情。

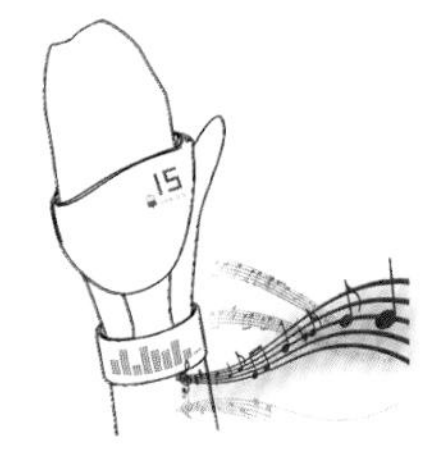

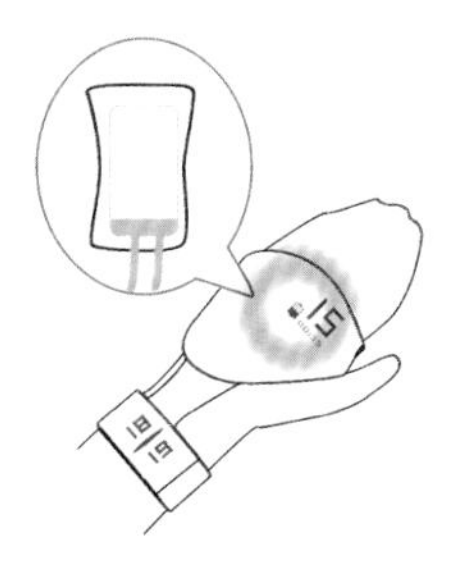

符合人机工程学的外观造型，松紧度可根据手型大小自动调节，有较好的固定性。

中间软质材料连接，方便手部动作。

里层橡胶材质，柔软舒适贴合皮肤

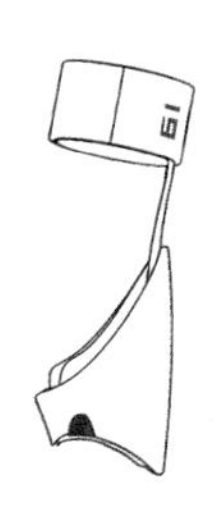

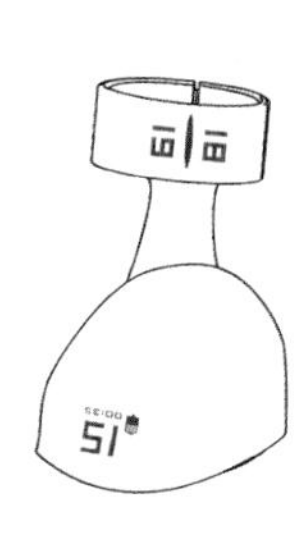

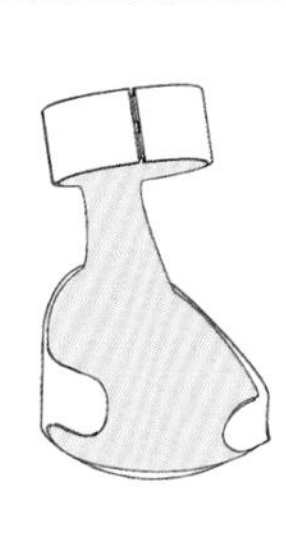

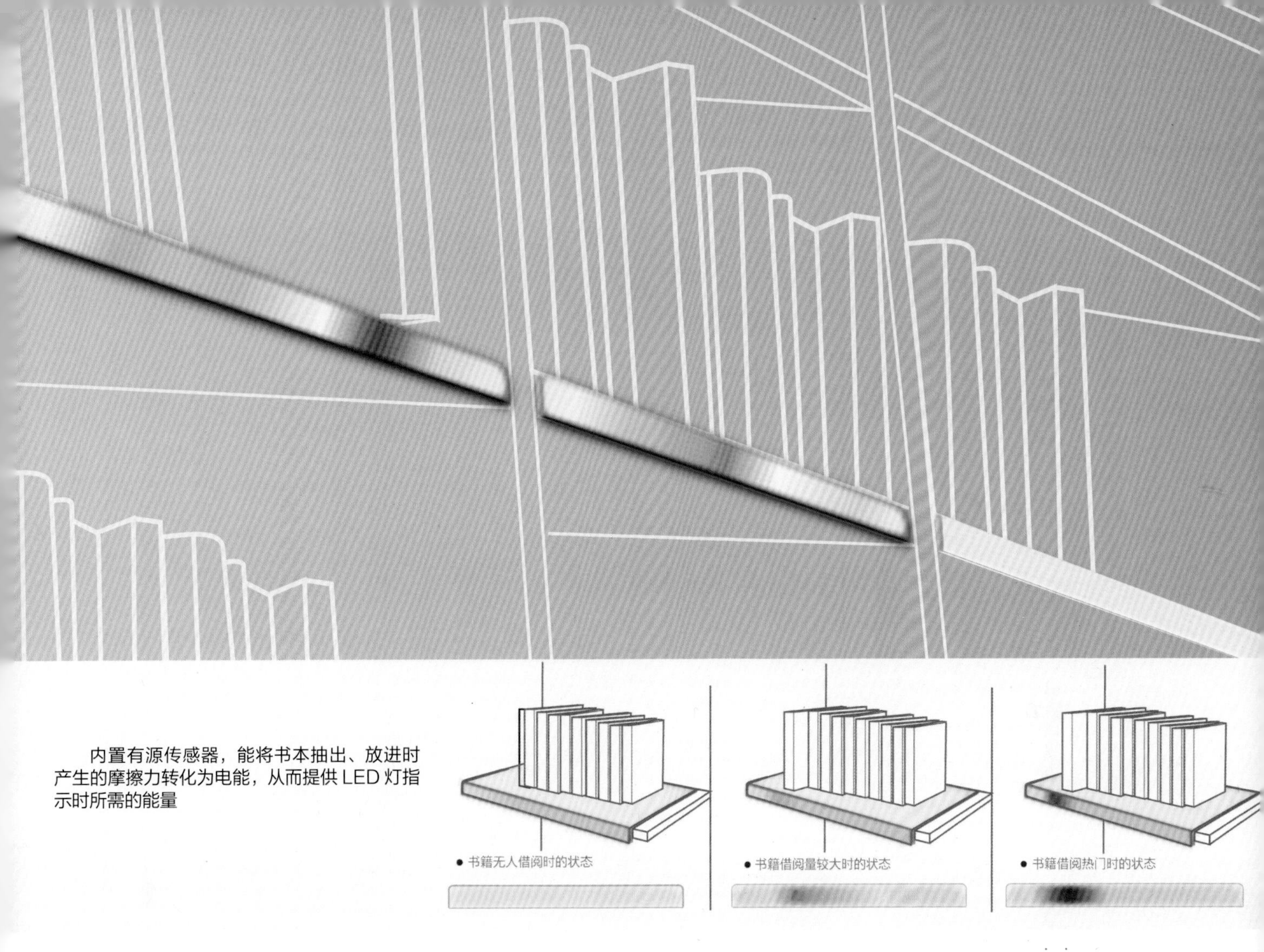

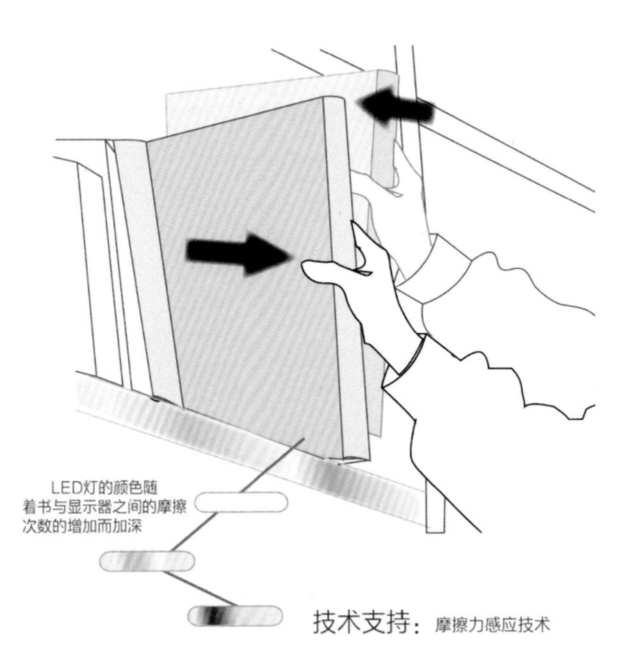

[图书借阅排行显示]

学　　生：陈　俊　李静静　许佳琪
指导教师：华梅立

生活中，人们在图书馆借书时，往往会花费很长时间挑选书籍，而漫长的挑书过程往往会让人感到枯燥。也许人们花了大把时间挑选的书籍，在同类书籍中可能并不是最热门、最满意的。TOPSHOW 设计是为了解决当人们在挑书时易产生的枯燥感，同时也提高了挑书的效率，不仅很好地起到了指示作用，更为借阅者的借书过程增添了趣味。

办公桌设计

学　　生：蔡培良

指导教师：李久来

本设计是为设计师所设计的一款办公桌，其设计灵感来源于 PHILIPPE STARCK 的榨汁机，独特的桌腿设计，造型简洁典雅，细长的桌腿造型轻快而又不失稳重。

尺子的再设计

PART 1 BEFOR VS AFTER

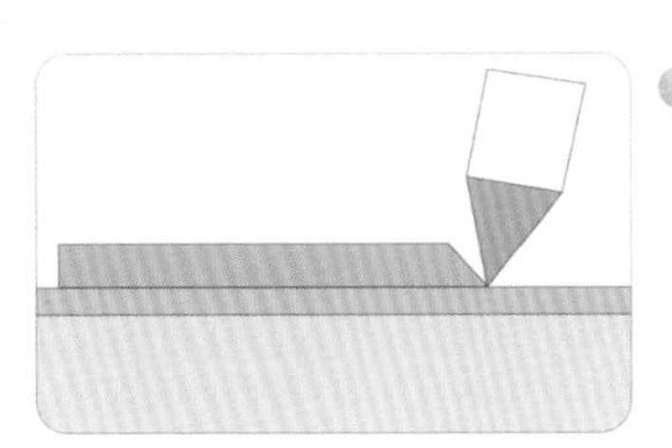

侧视图及使用状态。

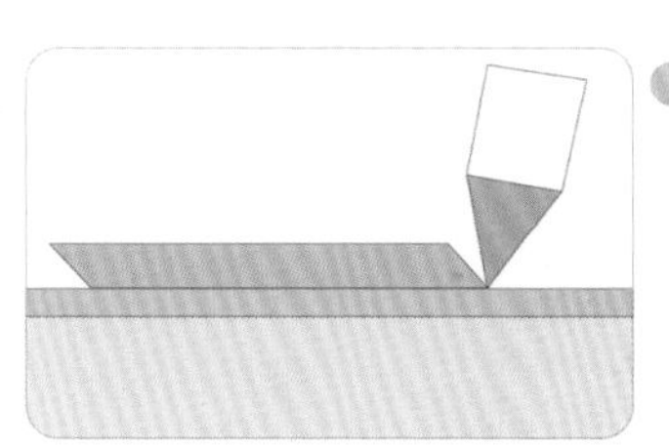

尺子设计后的截面图及使用状态。

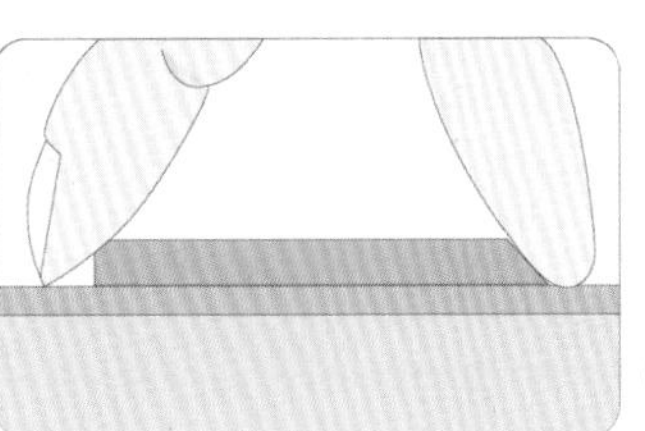

当画完线条，需要调整尺子的位置，用手指捻起尺子的时候，会发现不能顺利地拿起，原因是尺子的截面一边是垂直于桌面（高度只有3mm），一边是呈斜角。

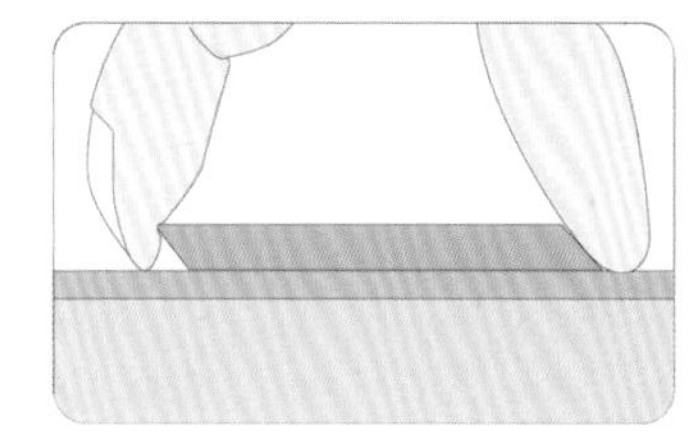

再设计后的尺子，截面是拉长的平行四边形，无论把哪一边贴合桌面上都有一个高度为3mm的斜度，可以让使用者方便地抠起。

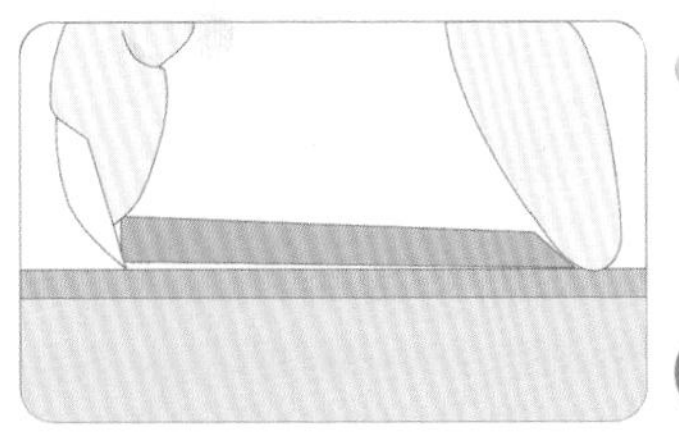

另一种情况是留有长指甲的手指能轻易地将尺子抠起，但是留有长指甲可是不卫生的习惯。

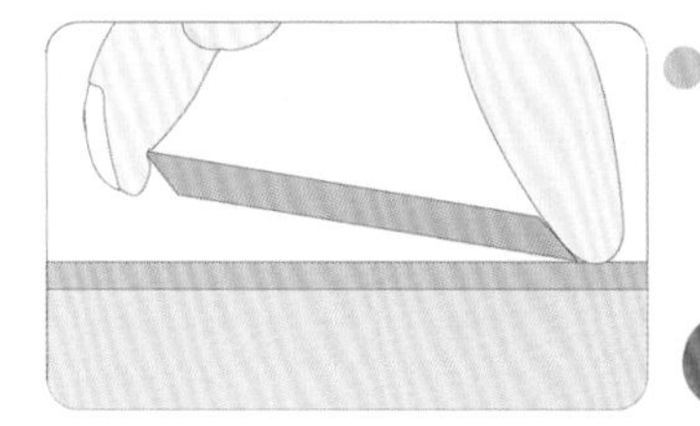

抠起后的状态，即使没长的指甲，也能方便地捻起。

PART 2 Universal Design

可以通用的设计

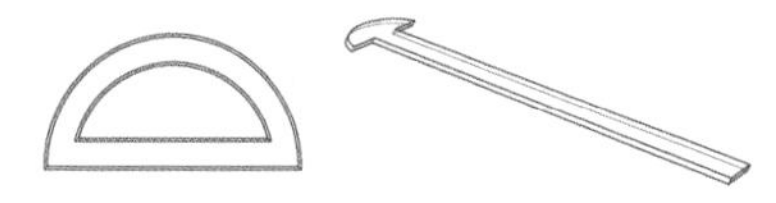

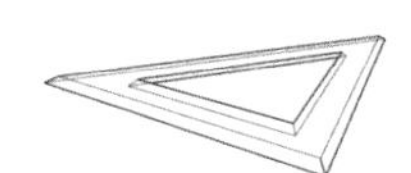

尺子的再设计

学　　生：林 文

指导教师：潘小栋

这款设计的重点在于对测量工具，如量角器、直尺等文具进行的细节设计。它的细节设计改变了尺的截面，使之成为平行四边形，使用的时候可以方便快速地将尺子从桌面拿取，方便使用者更好地使用。此细节设计属于通用设计，适用于所有相关的测量工具。简单的再设计可以最大程度地减少材料和减小制造工艺的难度并达到方便使用的目的。

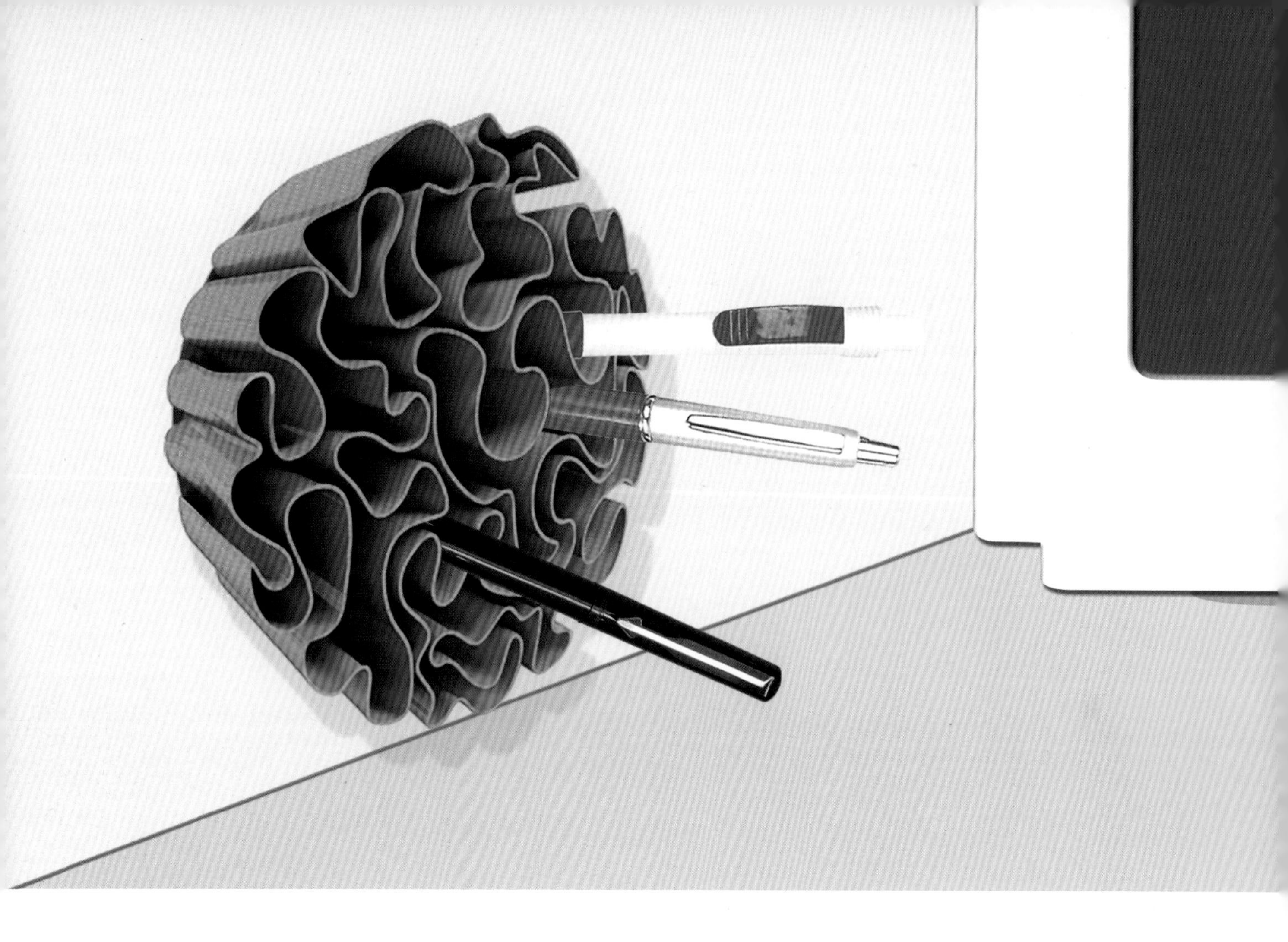

鸡冠花笔筒

学　　生：李晓燕
指导教师：潘小栋

此款笔筒以鸡冠花的形态为设计原点，是根据鸡冠花的花瓣形状而设计的。它可以被摆放在桌面上，也可以粘在墙上。花的形态带给传统笔筒与众不同的形态，也改变了以往笔筒的摆放方式。

使用说明：

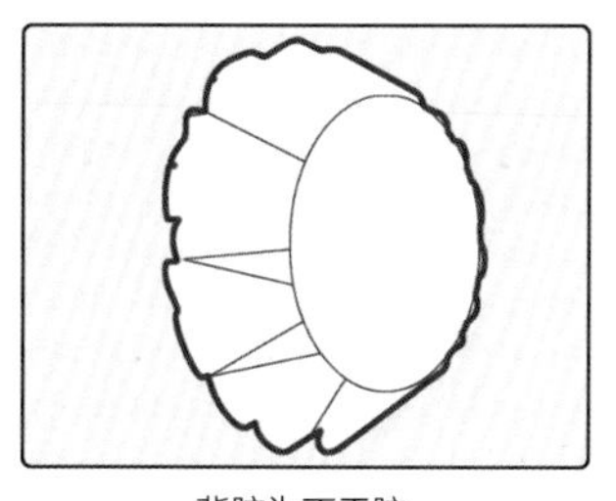

背胶为不干胶

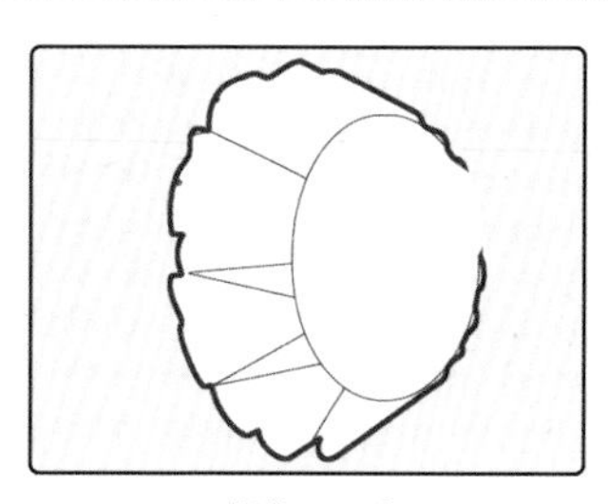

撕落不干胶

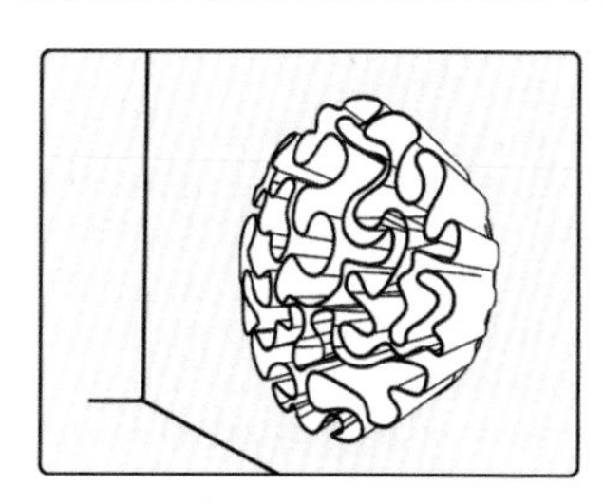

粘至光滑墙壁

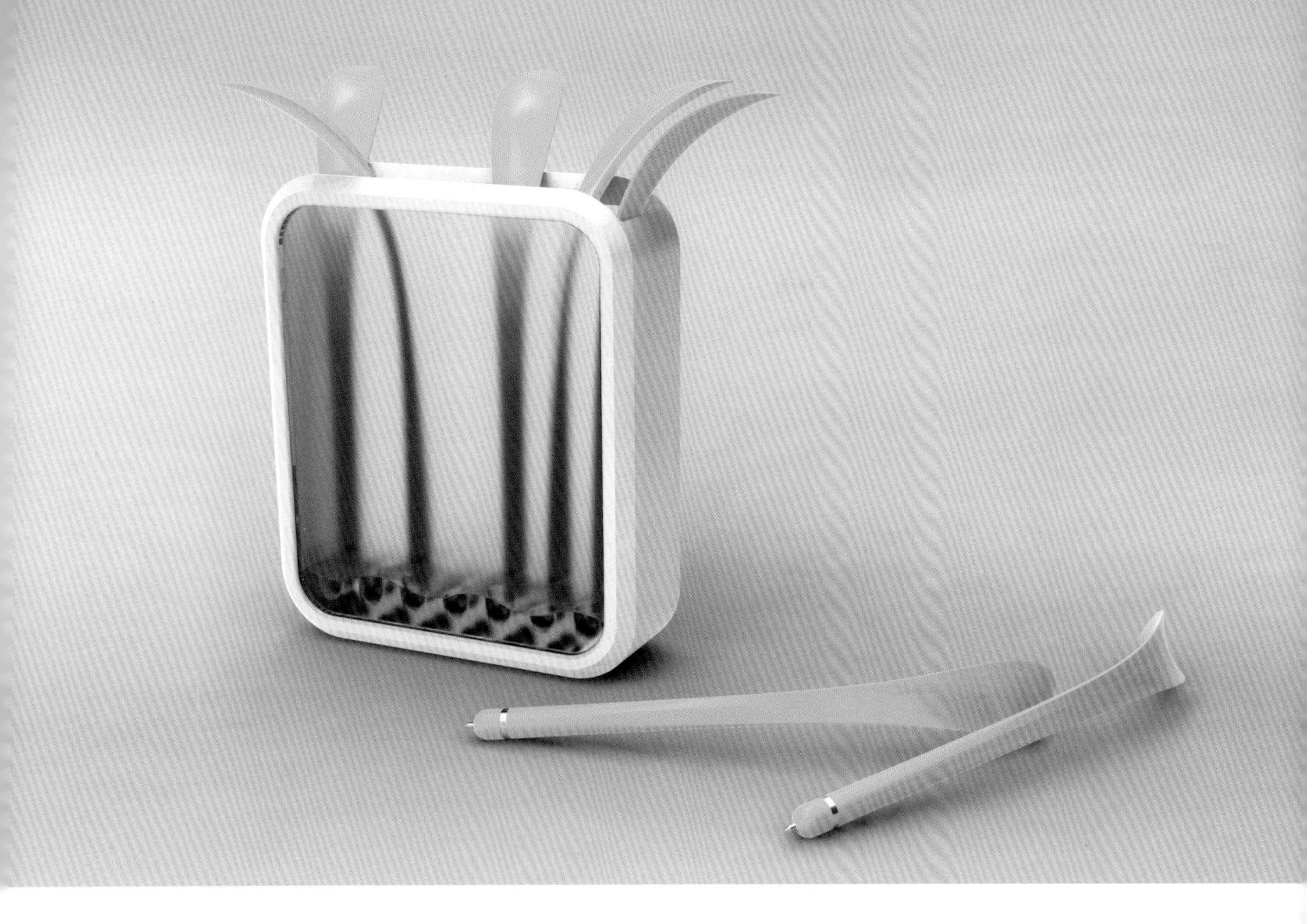

绿色空间

学　生：桑　磊
指导教师：潘小栋

绿色空间是针对目前忙碌的工作生活环境而设计的文具。回归自然，简朴的造型源自大自然，“发芽”的盆栽成为办公室的一道风景线，让人心情愉悦，从而提高工作效率。产品两侧的半透明玻璃带给人朦胧感，底部的笔托以流水为造型，笔身以发芽的植物为造型，生动自然。

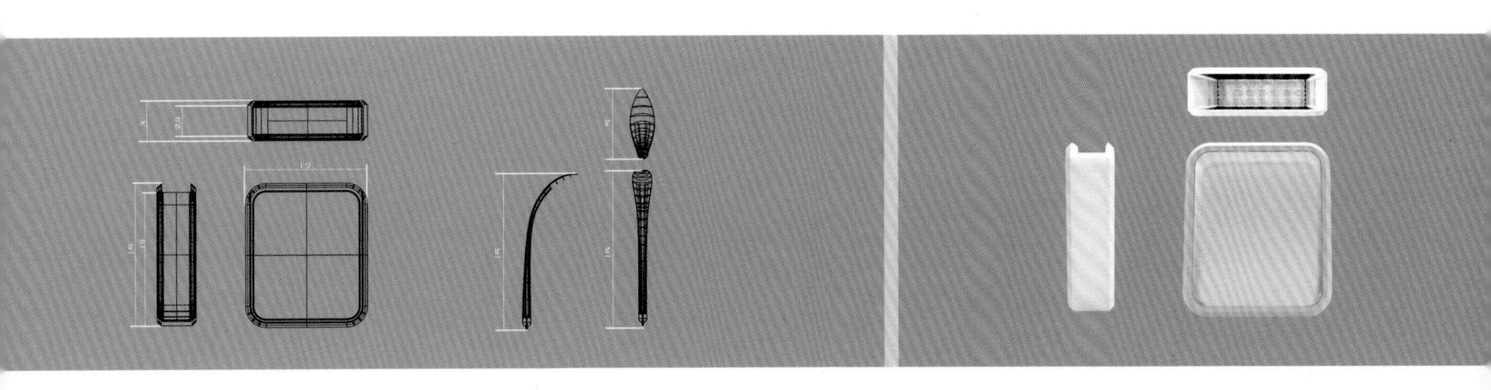

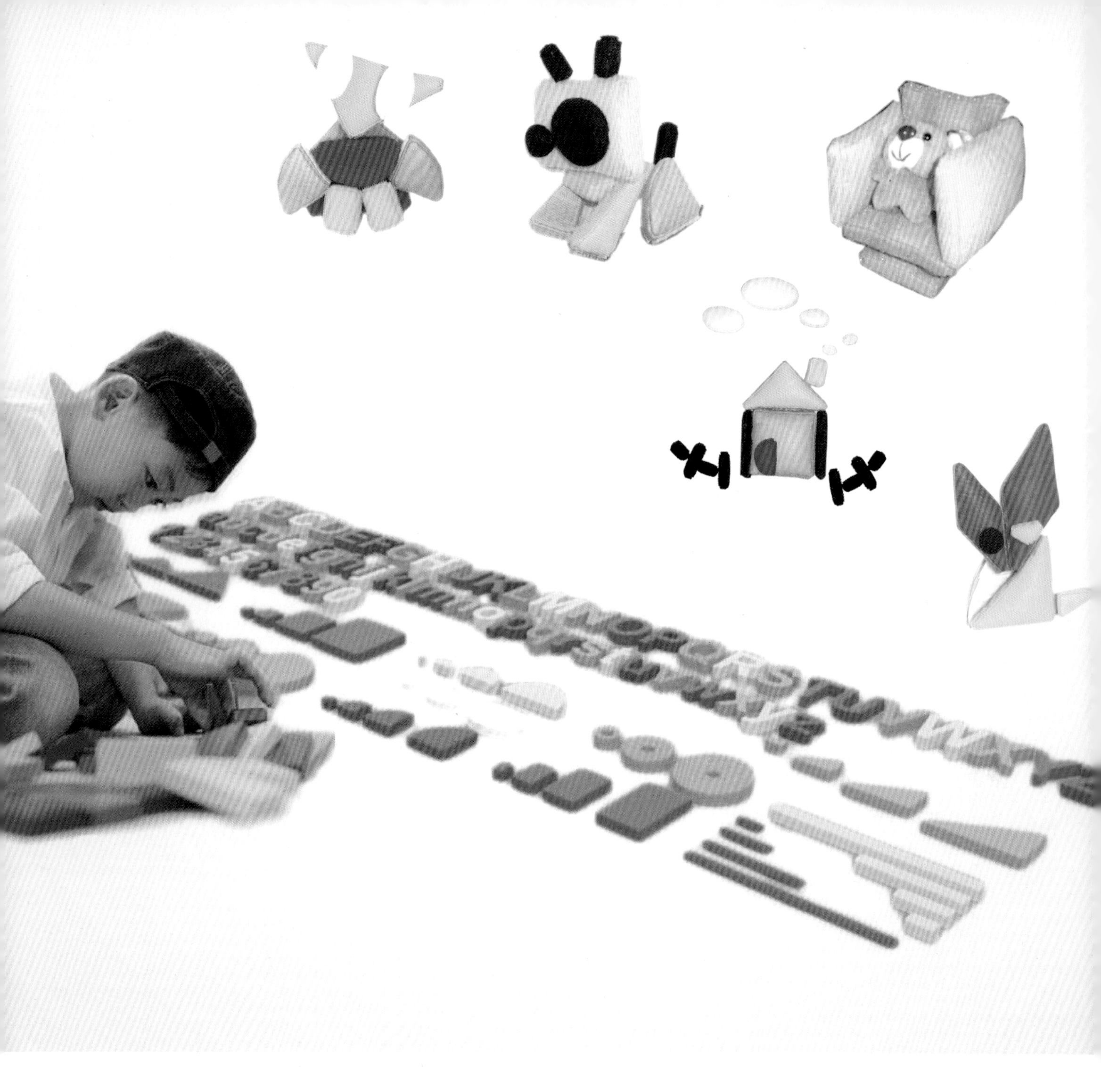

[软体积木]

学　　生：叶翠莲

指导教师：张宝荣

这是一款专为 2–3 岁儿童设计的软体积木，由彩色的无纺布和魔术贴制成。在积木的非展示面固定了相同颜色的魔术贴，利用它的黏合性将积木粘在一起，可随意拼粘一些平面或半立体的形体。随着年龄的增长和能力的提升，可以实现一些更高难度的立体玩具，比如小汽车、机器人等。家长也可以用此积木对孩子进行启蒙教育，以达到边玩边学的目的。

[灯 · 影]

学　　生：孔燕燕
指导教师：张　晖

此款落地灯设计，取名为《灯 · 影》，着意于将传统元素：皮影、锣鼓、丝绸与现代灯具相结合，展现材、色、质、意的和谐共鸣。柔暖的灯光烘托着皮影，并透过一层桑蚕丝照射出来，喻如丝路般将中国的文化传向世界。

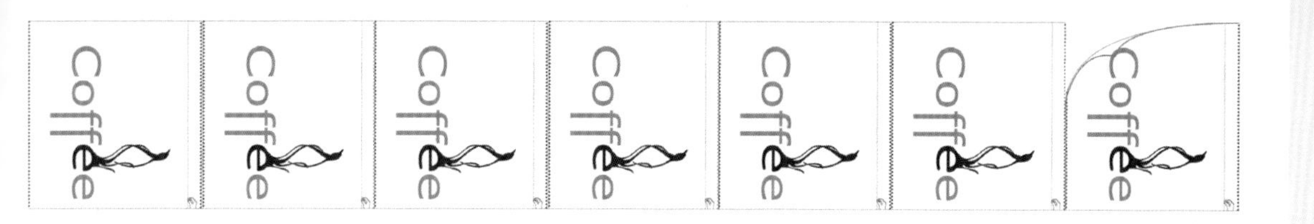

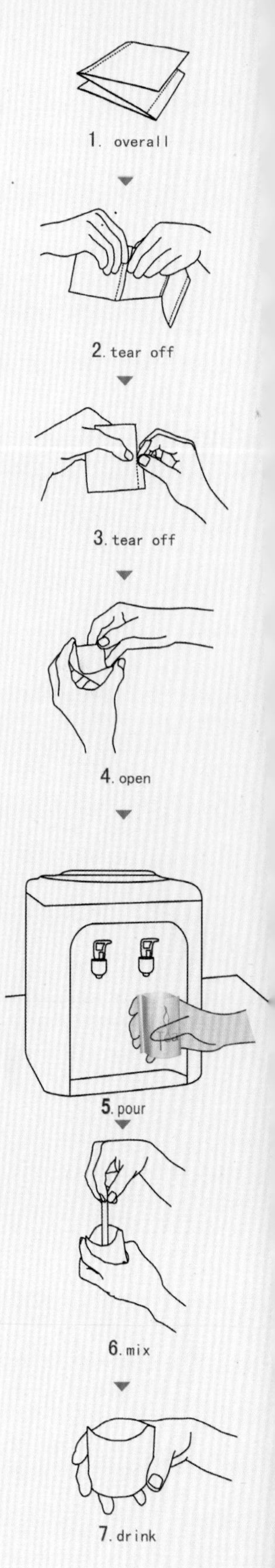

CUP-FOLDING

cup-folding for rush people
cup-folding being made of paper
good for environment
save space portable
convenient to use

ENVIRONMENTAL FRIENDLY SUATAINABLE DEVELOPMENT

Cup-folding

学　生：蔡高跃　王浩波　姜晓斌　叶翠莲
指导教师：郑林欣

Cup-folding 是为快节奏工作人群设计的新型便携式速溶咖啡（茶）杯。Cup-folding 包含了速溶咖啡（或茶叶）连同一个可折叠的容器。附加的结构设计用以支撑其中液体的重量。可折叠的设计节约了存储空间，携带方便，材料为可回收环保纸。

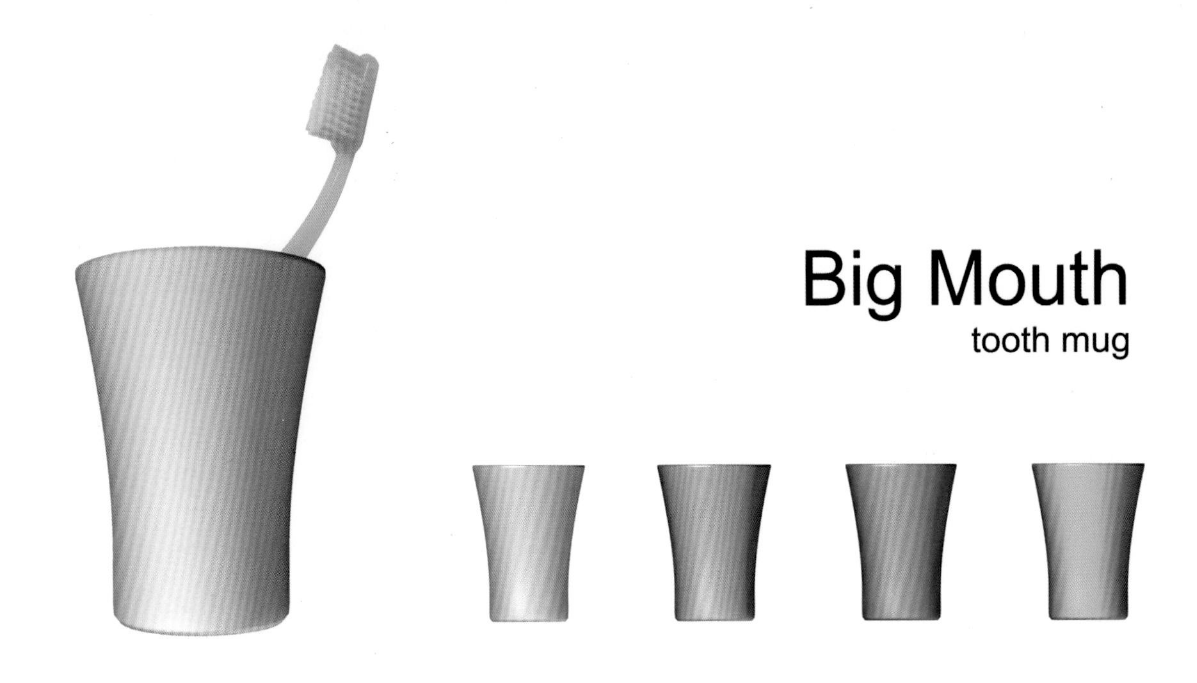

[Big Mouth 刷牙杯]

学　生：骆航兵　吴　佳　徐　骏　陈　亮　胡　一

指导教师：卢艺舟

一个使用了三周未被彻底清洁的牙杯中存活的细菌是马桶水中细菌数量的 80 倍。刷牙后多数人直接在牙杯中冲洗牙刷，久而久之，牙杯底部会积留一层污垢，容易诱发口腔疾病。Big Mouth 特有的柔性杯体可以被轻松翻转，易于彻底清洁牙杯底部，维护口腔卫生。

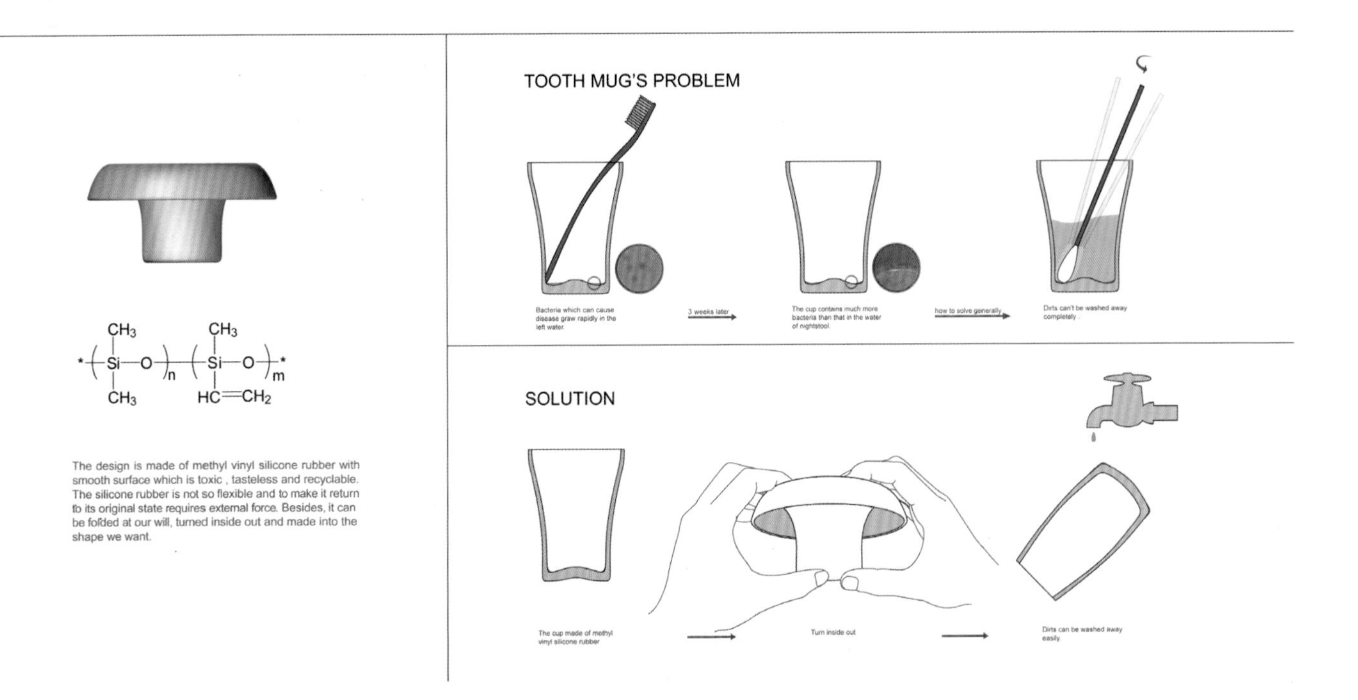

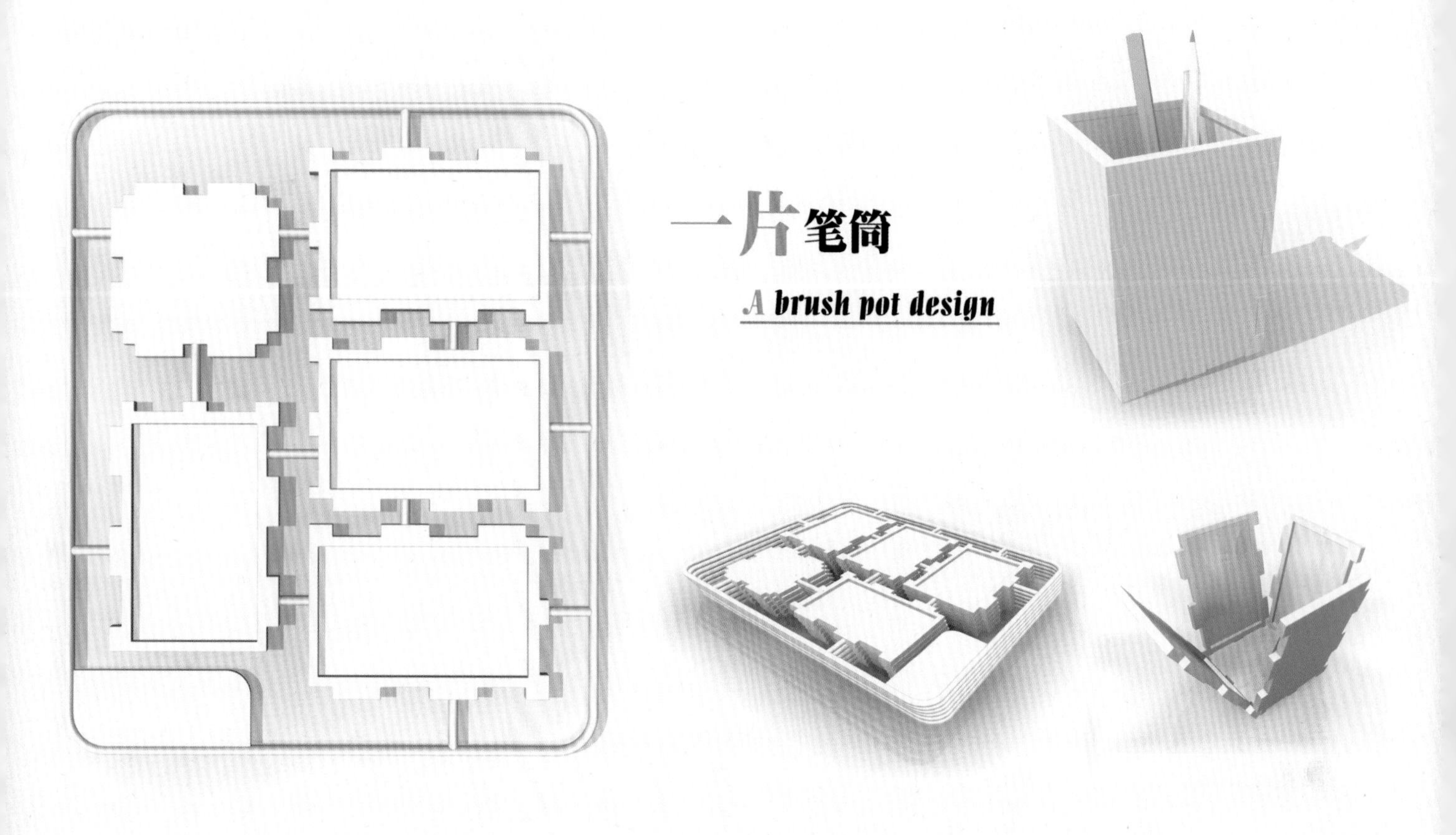

一片笔筒

学　生：王　斌

指导教师：潘小栋

此款笔筒是针对原有市场的笔筒在生产及零售过程中空间占用的浪费问题而进行的改良设计。这款产品采用拼装组合方式，使得存储、拆装更方便，并能给使用者带来自己动手组装的乐趣。整体造型简约，并迎合了 DIY 的时尚生活方式。

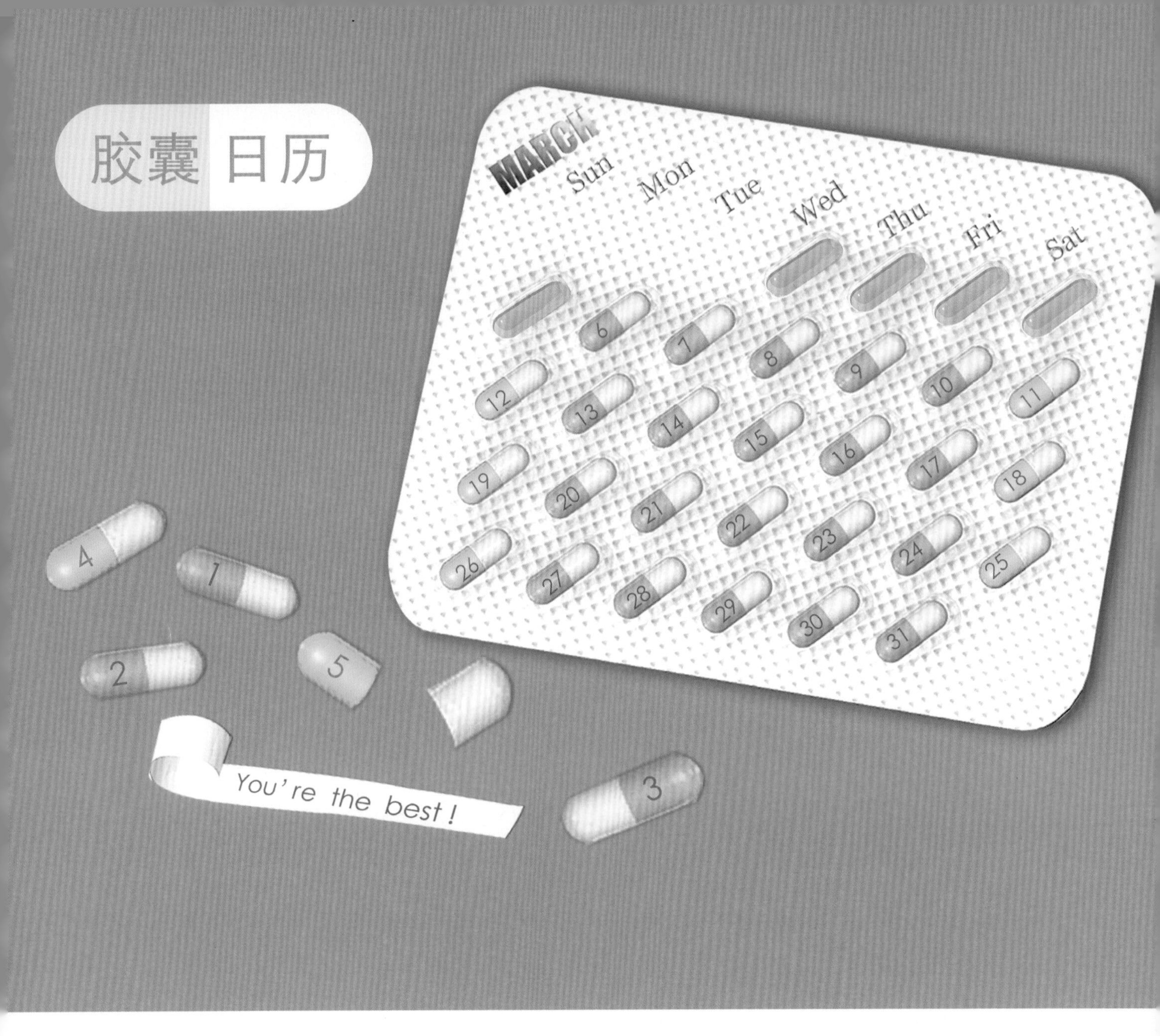

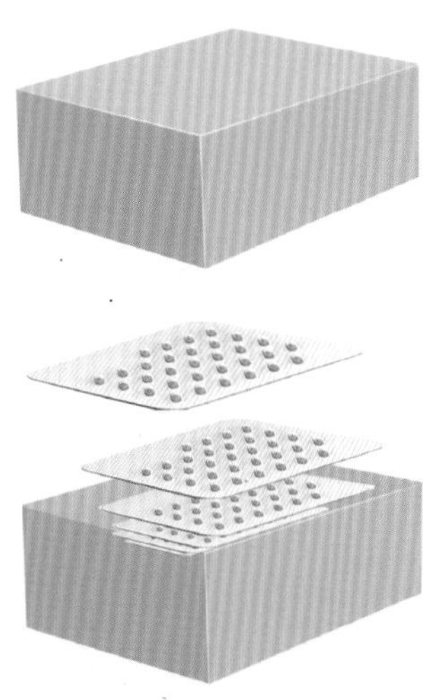

胶囊日历

学　　生：汪丹蓉

指导教师：潘小栋

该日历设计以胶囊为灵感来源，使用方式独特有趣，造型简单大方。每个胶囊里都写着不同的话，每天都有不同的惊喜等着你。

水龙头设计

学　生：沈建伟

此款水龙头的设计灵感来自饮料机的出水口。当我们用杯子压着开关时水自动流出，当杯子离开时出水口便自动关闭。因此，我们可以单手操作开关水龙头，更不会忘关水龙头，便利了生活，减少了不必要的浪费。

使用说明

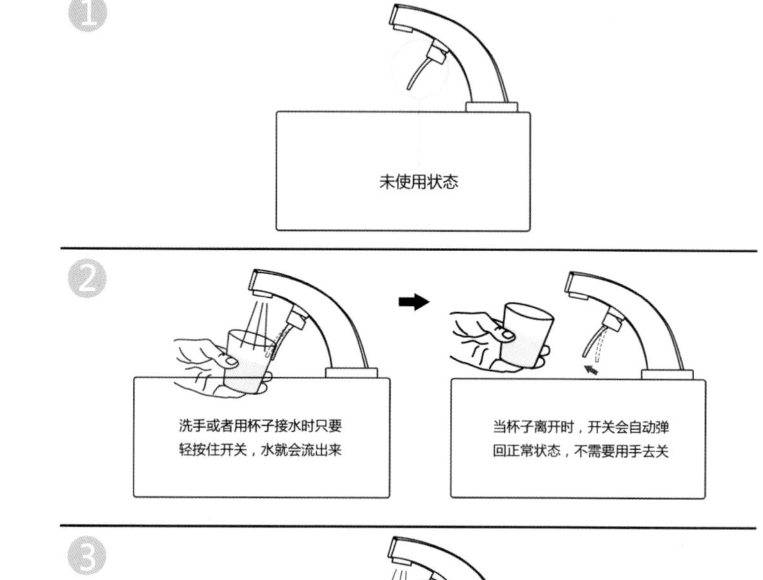

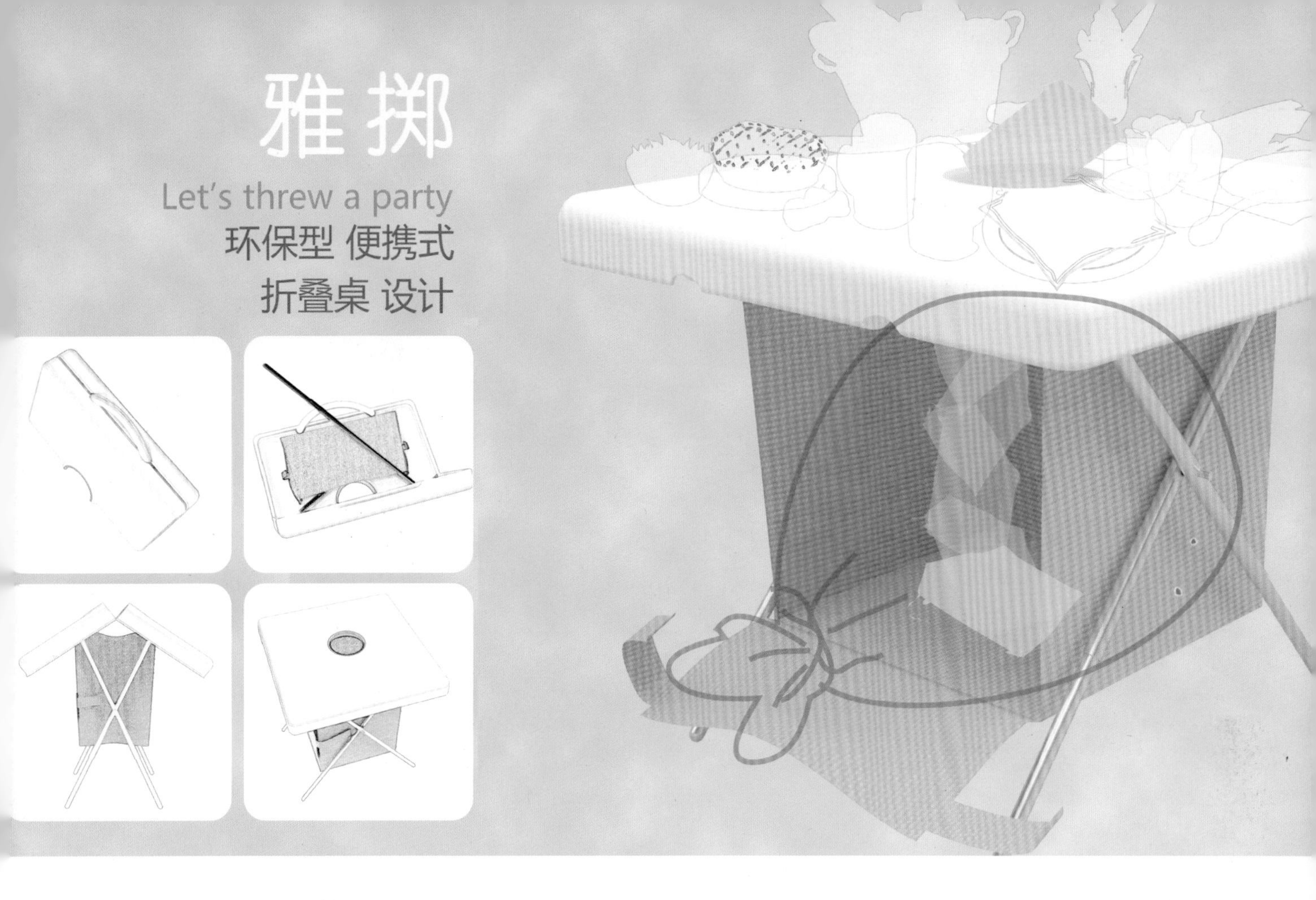

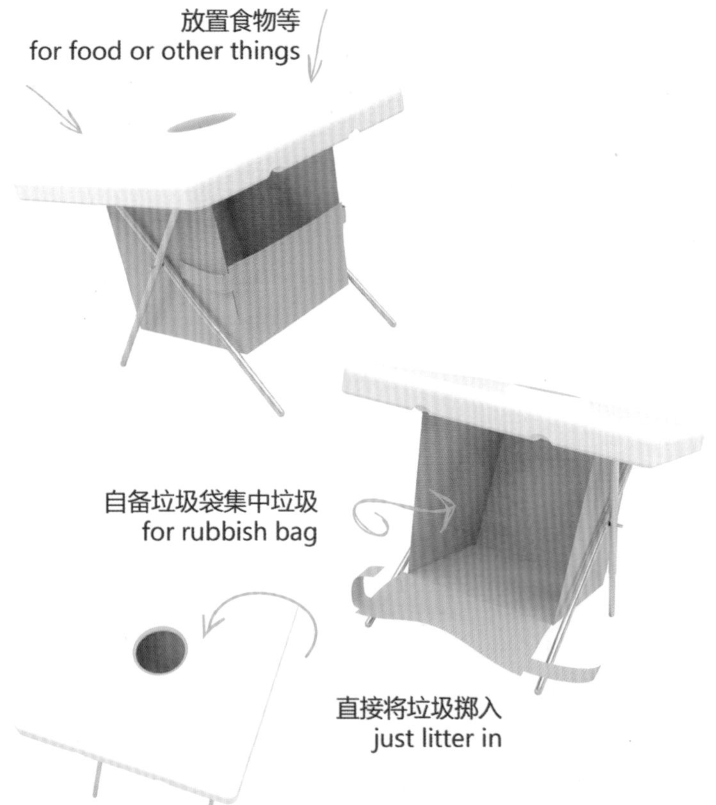

[雅掷 折叠桌设计]

学　生：叶 晨
指导教师：潘小栋

享受完派对却发现一地垃圾在等着你。辛苦地工作了一天却想起还有一堆垃圾需要收拾。雅掷环保型便携式折叠桌设计，桌下的方形无纺布袋可内置垃圾袋，解决了桌面的收纳与清理的问题。同时，从提箱转变成桌子的巧妙设计，方便了桌子的运输与携带。

Zonda

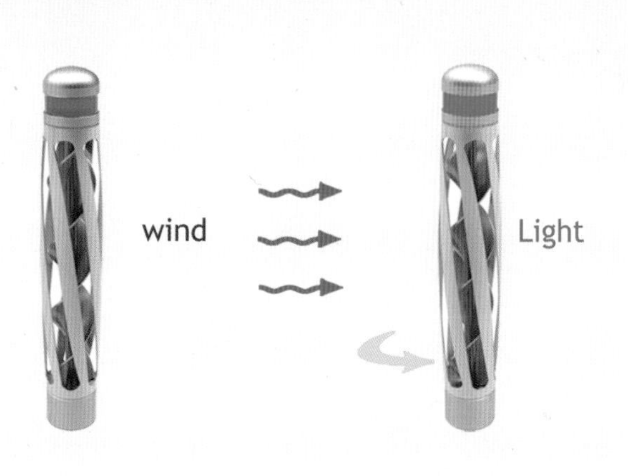

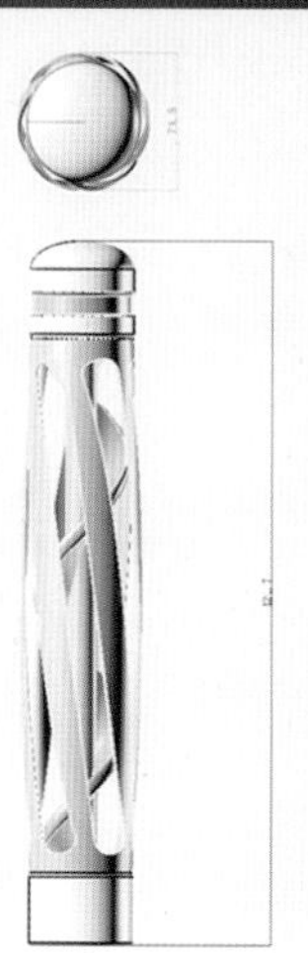

Zonda

学　　生：李　栋　曾恩慧　王建锋　沈琳琳　戴志青
指导教师：卢艺舟

大多数汽车在高速公路上能以 120 公里 / 小时的速度行驶，高速运动所带动的风速可以到达 80 公里 / 小时，而此能量历来被忽视。“Zonda”可以通过内置的螺旋扇叶将汽车高速行驶时所产生的风能转化为电能，以此满足夜间路标照明需求。

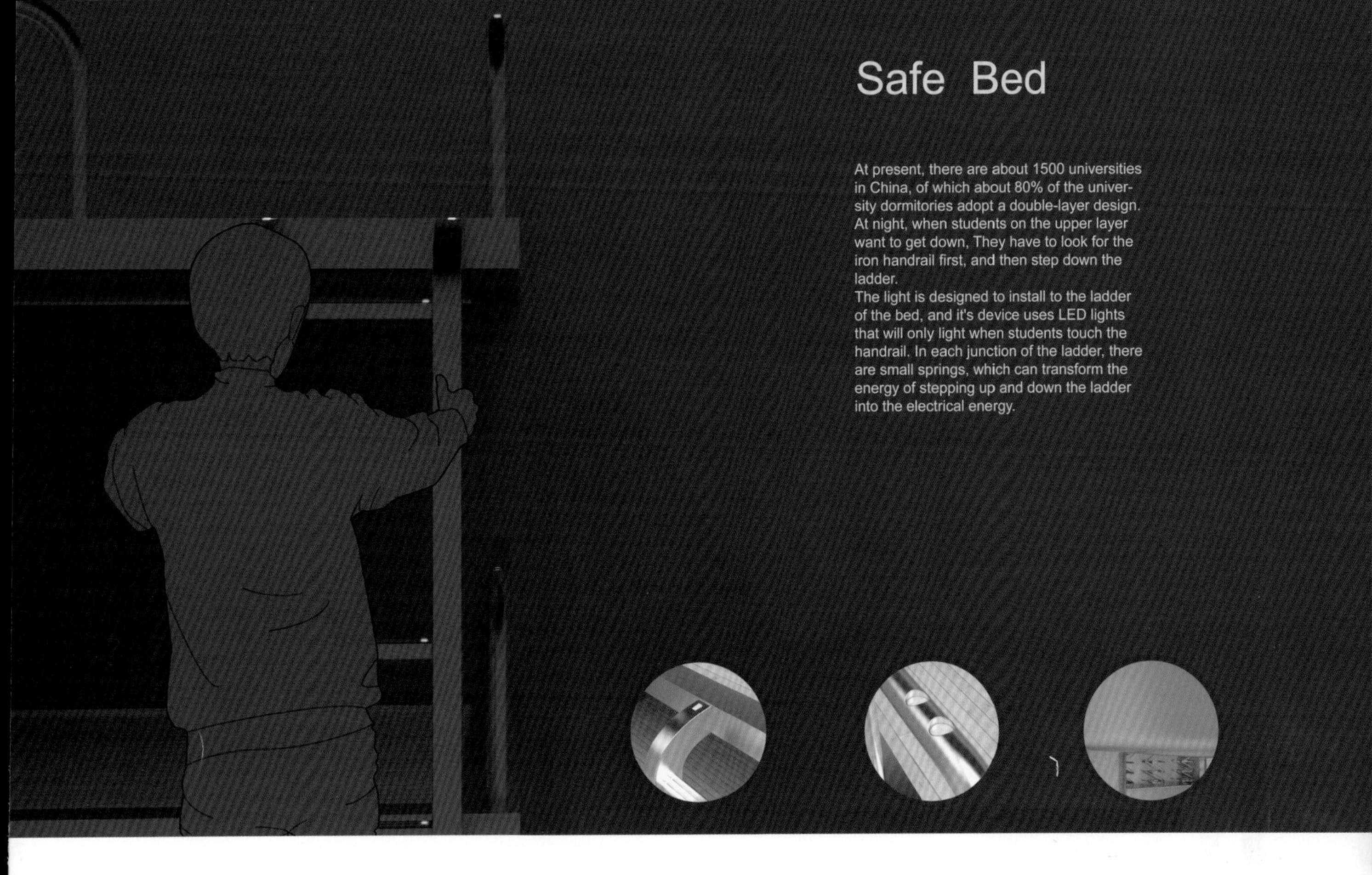

Safe Bed

学　生：骆航兵　吴　佳　沈建伟　陈　亮　胡　一
指导教师：卢艺舟

目前中国有 1500 多所大学，其中约有 80% 的学校的宿舍使用双层的高低床。晚上，当上铺的学生需要下床时，他们首先需要寻找扶手，随后踩着梯子下床。“Safe Bed”的扶手和梯子上都嵌入了 LED 微光灯，上下床时，这些 LED 灯会因触摸感应而点亮，保证了上下床者的安全，由于在梯子上安置了可以将上下床时的压力转换为电能的装置，整个系统不需要额外的电源。

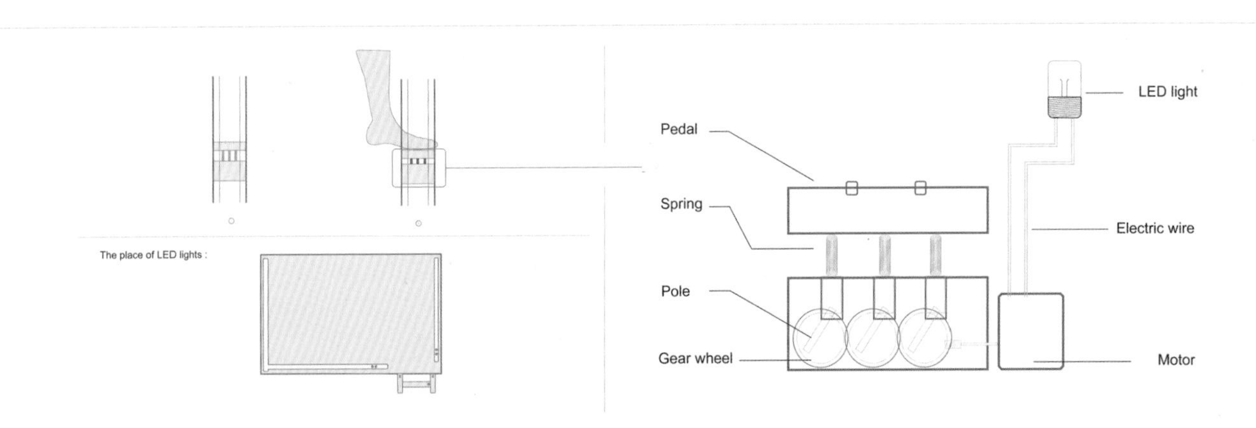

[Double Bottom]

学　生：骆航兵　吴　佳　胡立钏　陈　亮　胡　一
指导教师：卢艺舟

目前，中国人在招待访客喝茶时习惯使用一次性纸杯。然而，当客人们离开以后，往往杯子里还残存部分茶水，不能够直接被扔进垃圾筒中。具有底部隔层设计的“Double Bottom”纸杯因此而生。主人可以在水槽前揭开茶杯底部的封口纸，茶水自然流出，沥干的茶叶仍然留在杯中，随杯子一起被处理。

Space & Close

PUBLIC SEATINGS

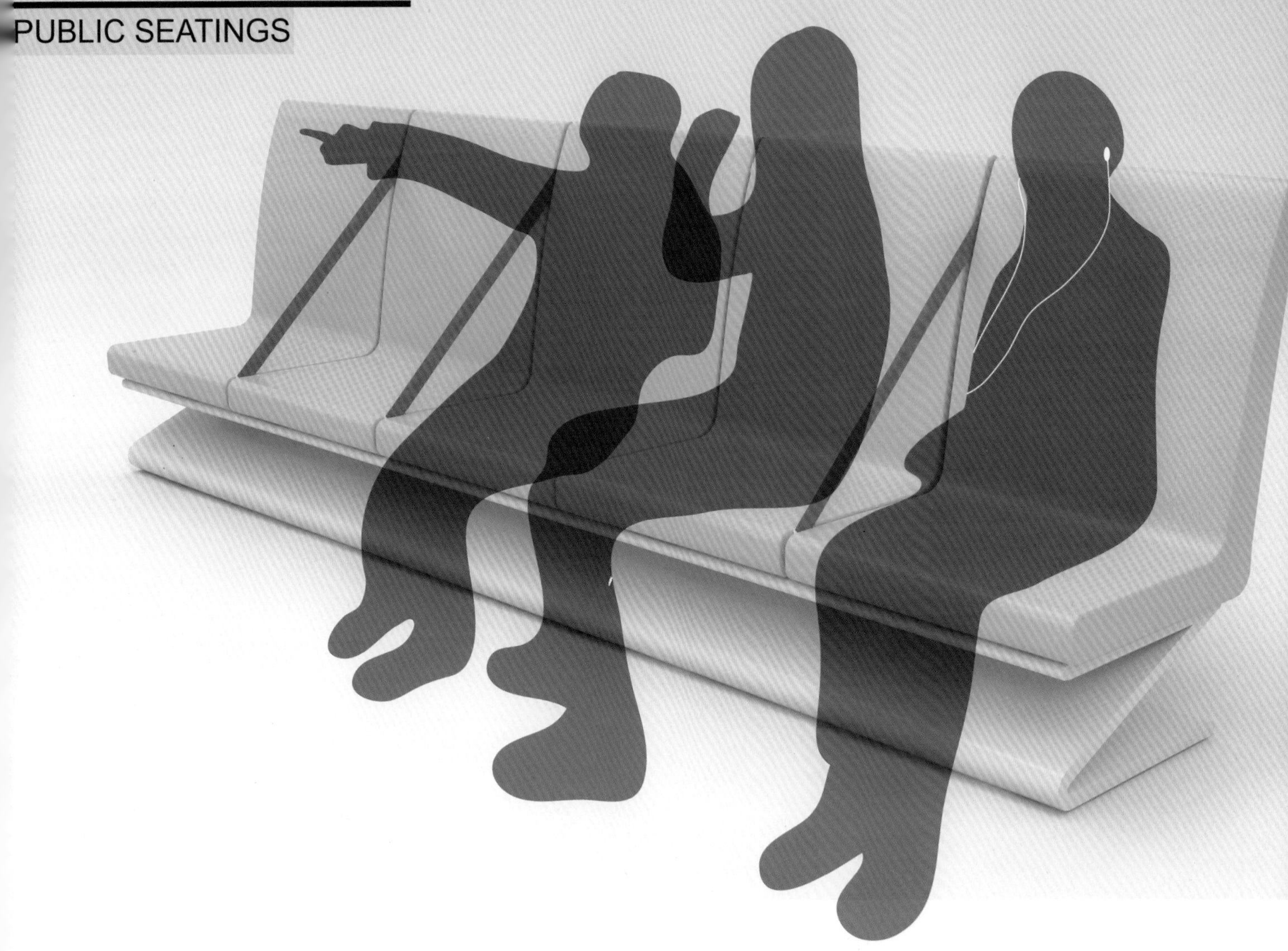

Space & Close

学　生：叶晨 林洁 祝莹

指导教师：卢艺舟

公共座椅上如果没有隔断，陌生人之间往往保持着较大的座位间距，使得空间的利用率较低，而一旦设置了固定的隔断，又会妨碍恋人密友之间的交流。"Space & Close" 是配有伸缩带的公共长椅，它可以创造自由的隔断，只要拉出并扣上伸缩带，就能形成柔性隔断，从心理上满足特定个体对安全感与个人空间的需求。此设计意在提高公共座椅的宽容度和使用率。

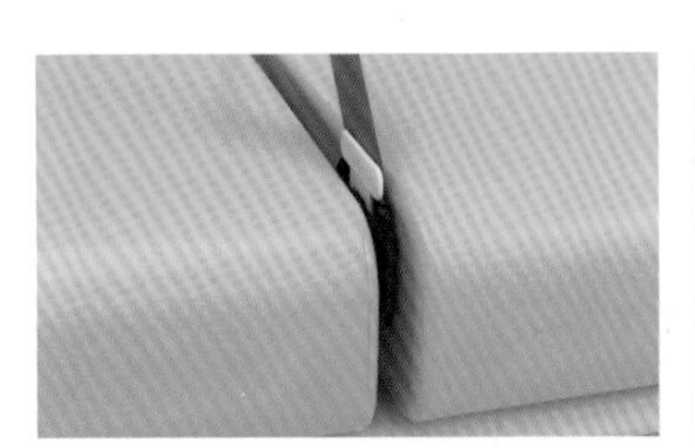

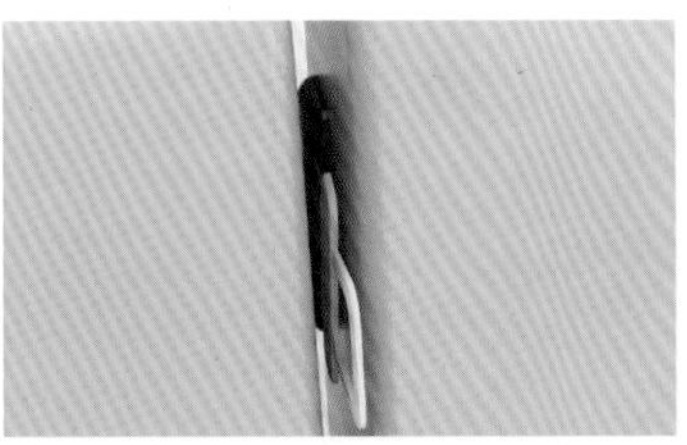

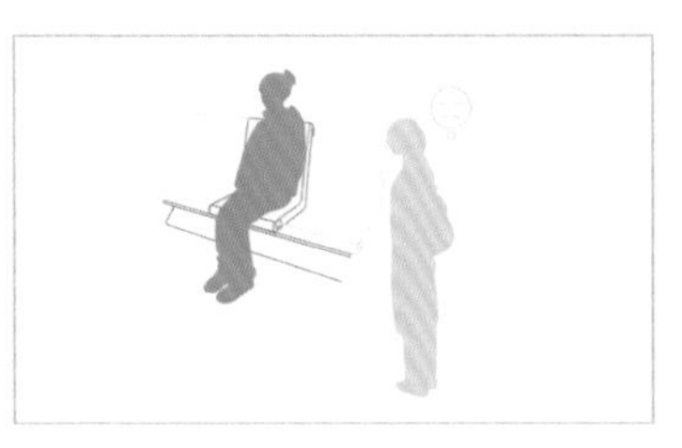

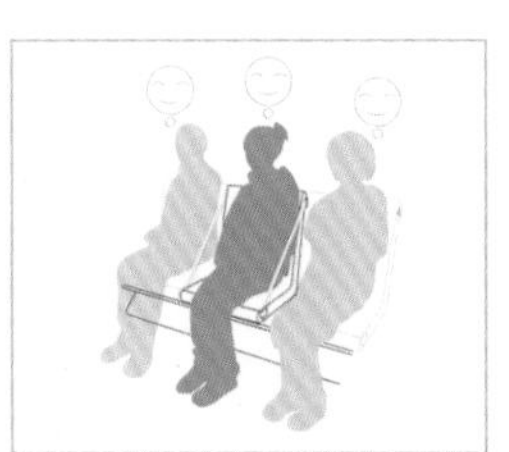

项目教学

学生向博世管理人员和德国教授讲解自己的设计

学生参观杭州博世公司

教学过程中教师之间的沟通

项目来源：杭州博世电器有限公司

项目名称：博世子品牌SKILL家用电钻的外观设计

指导教师：Prof. Hoeln（德国汉诺威应用科技大学副校长、博士教授）

卢艺舟　谭宁

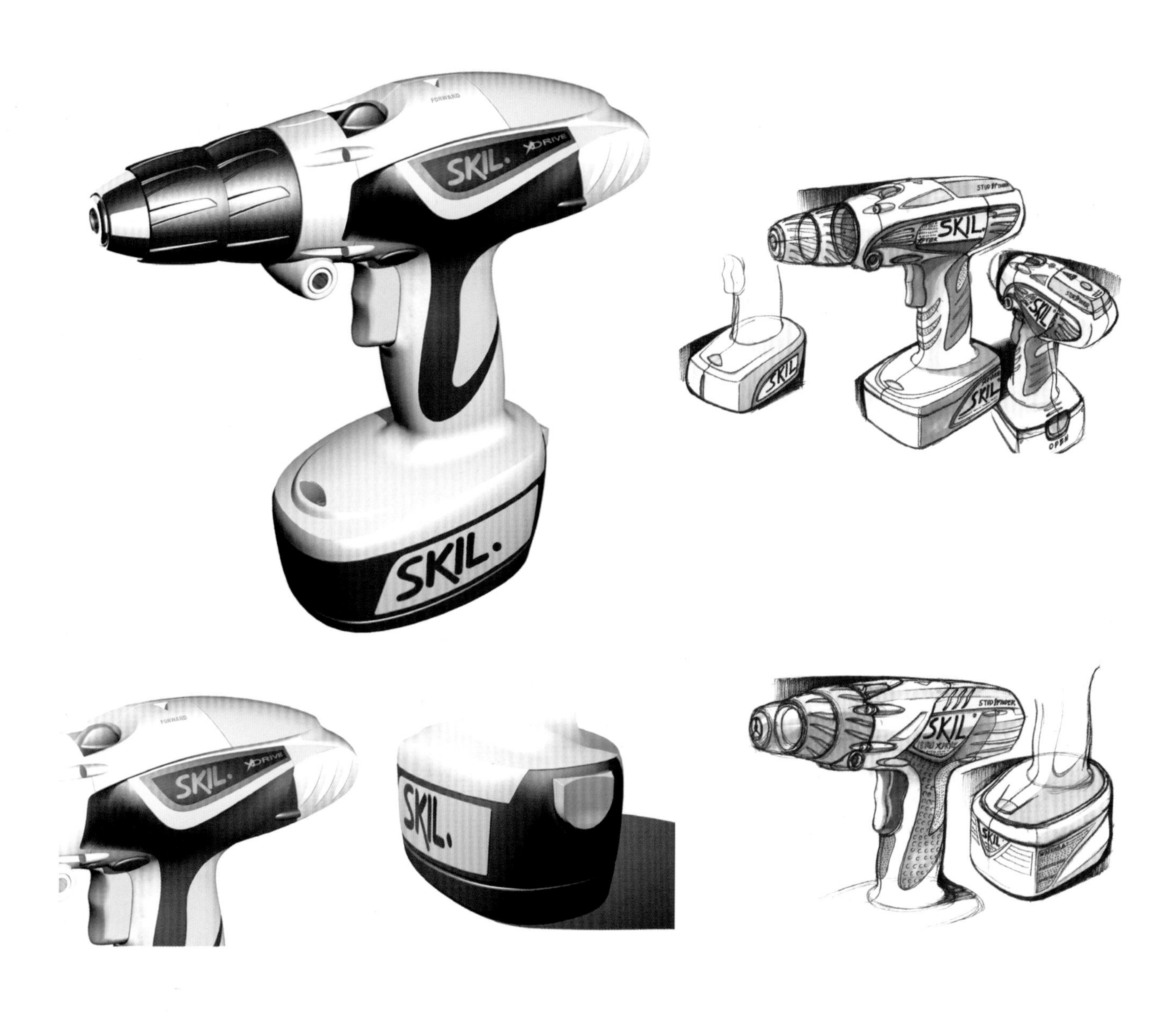

学 生：江 磊

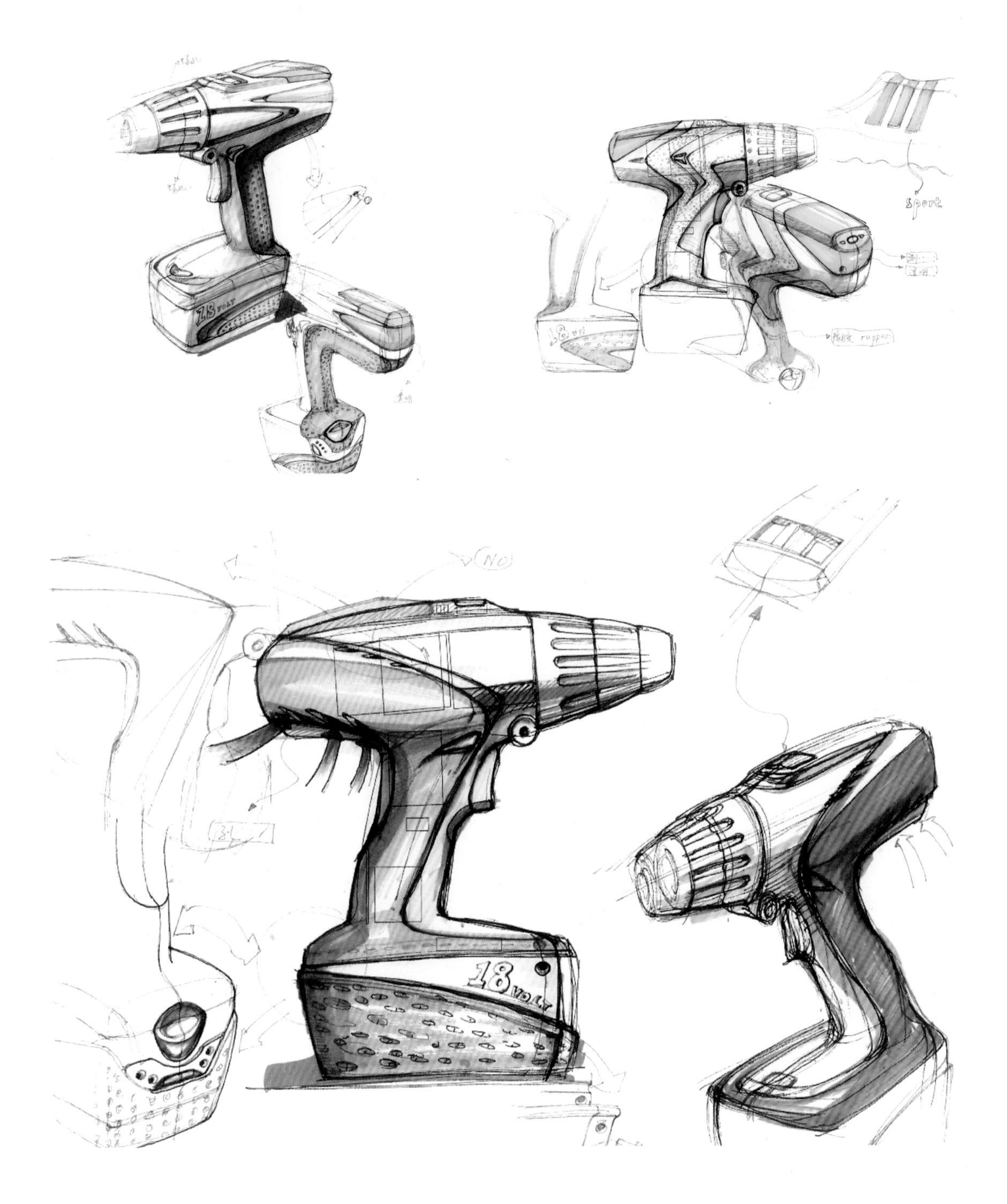

学　生：　潘春明

学 生： 潘春明

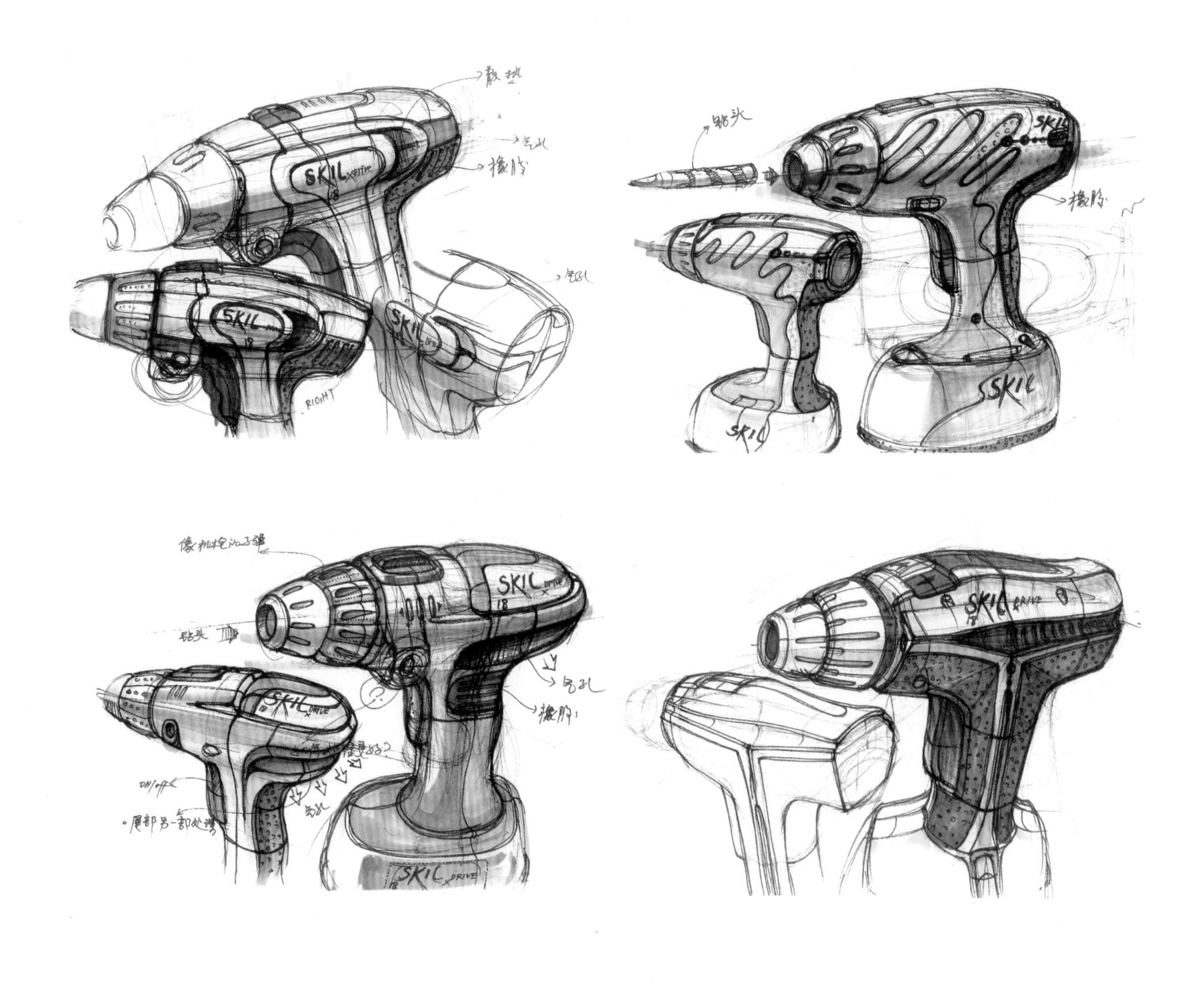

学 生： 周 敏

学 生: 周 敏

OFFICE DESK DESIGN
办公桌设计

Design instruction:people often can be interrupted nearby confused wire at work.so my designing is solving the prob-lem that how to hide confused wire or clean wire tosimple,the wire from the desks left to right out . the desk may hide confused wire through desk fillister and middle in desk

设计说明：人们在工作的时候经常会碰到一些影响工作的东西，如一些杂乱无章的线。我们设计的桌子就是解决这个问题，怎么样将这些线隐藏和整理的更整齐。我们的走线方式是从桌子侧面的凹槽到桌子的中间，通过镂空的底板将线走到桌面。那些不从桌面出来的线可以从另一边桌子侧面出去。

design by zyz & toto

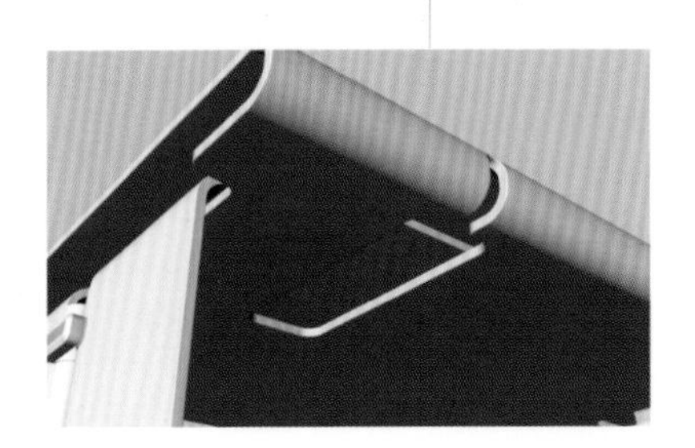

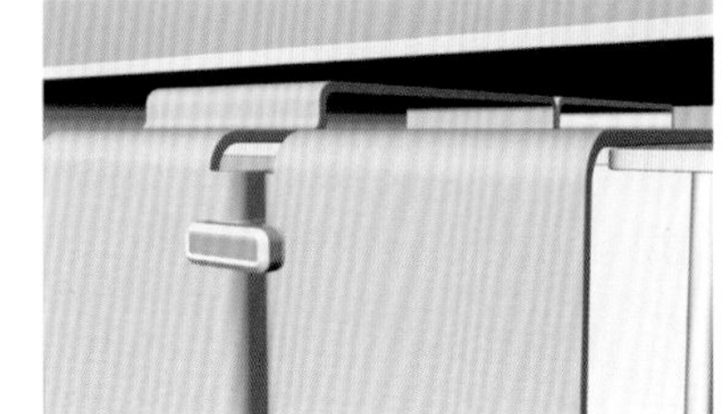

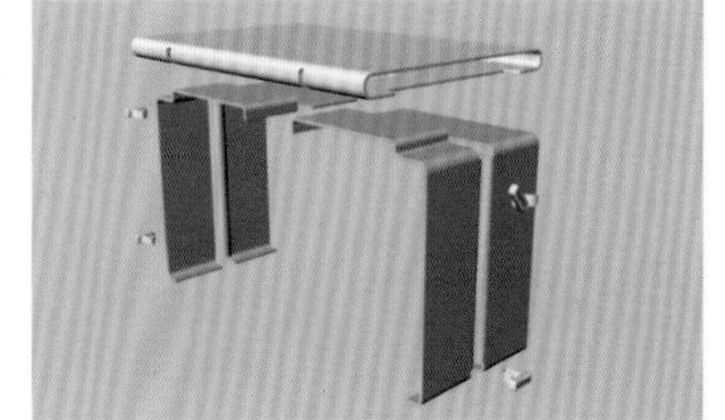

学　　生：陈　涛　张跃志
指导教师：Nicklas　裘　航

德国教授与学生进行设计交流

项目来源：汉诺威应用科技大学
项目名称：汉诺威应用科技大学办公桌设计
项目目的：通过设计解决现代办公桌布线难题
参加学生：02级工业设计艺术B班
指导老师：Mike Nickal教授　裘　航　李久来

学　生：陈 涛　张跃志

指导教师：Nicklas　裘 航

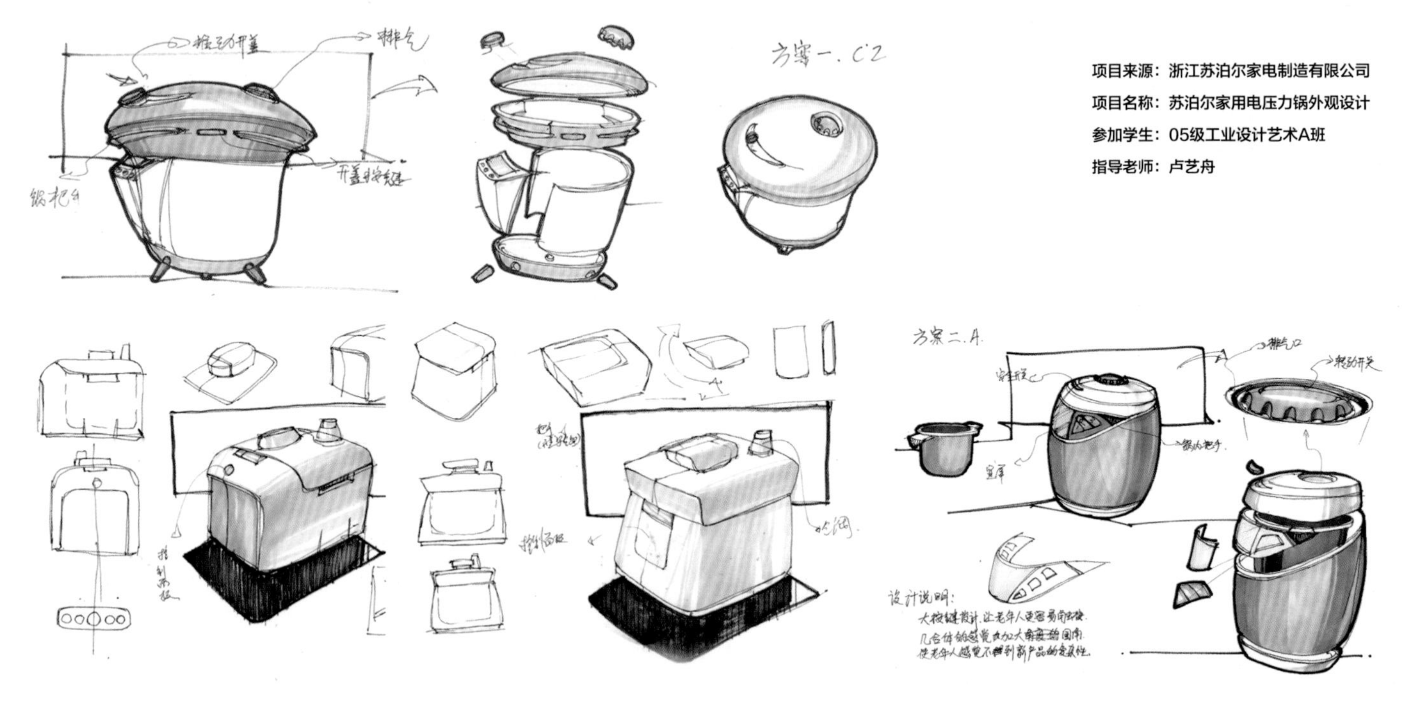

项目来源：浙江苏泊尔家电制造有限公司

项目名称：苏泊尔家用电压力锅外观设计

参加学生：05级工业设计艺术A班

指导老师：卢艺舟

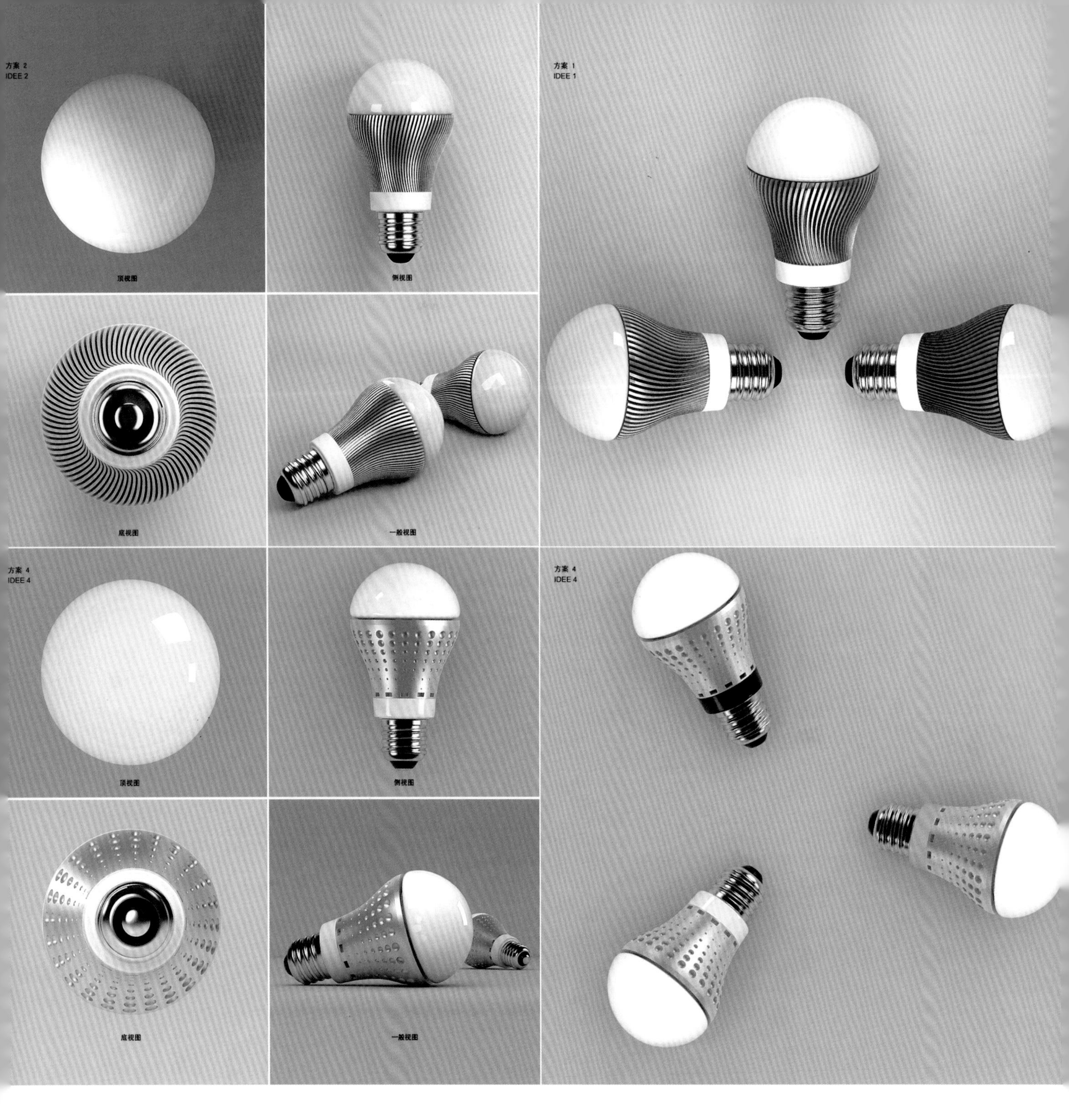

项目来源：浙江生辉照明电器有限公司

项目名称：LED灯泡设计

参加学生：胡立钏　骆航兵　徐　俊　刘川委　胡　一　沈建伟

指导老师：朱吟啸

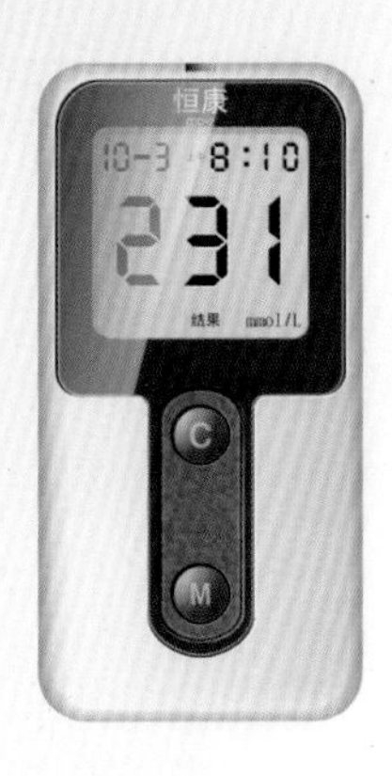

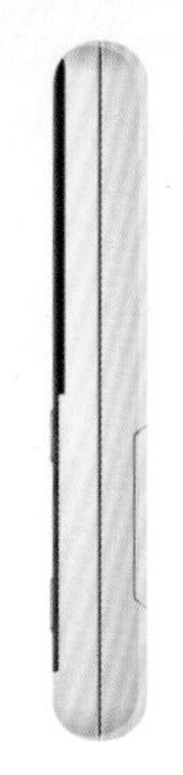

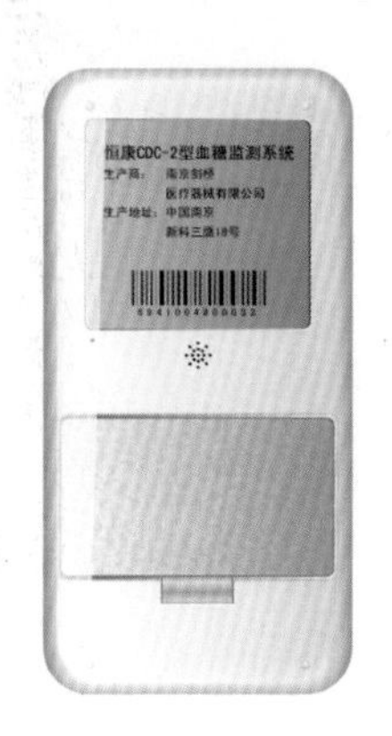

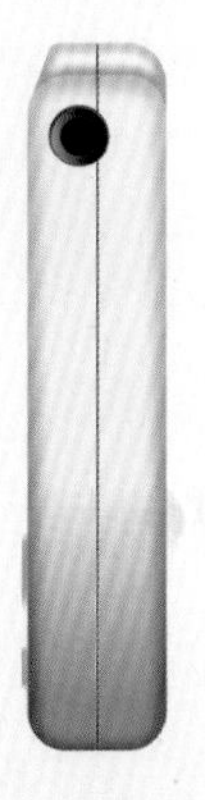

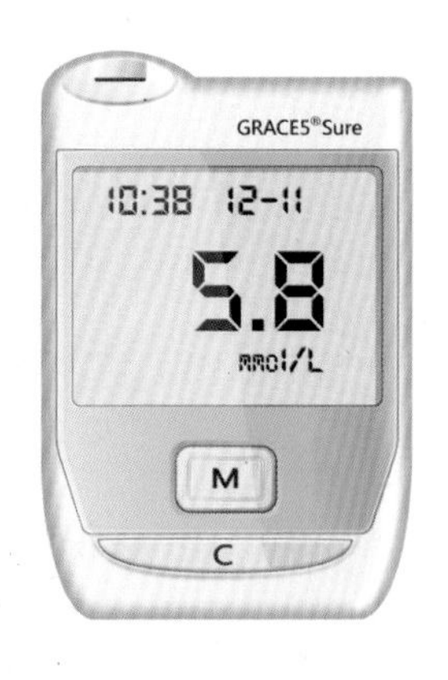

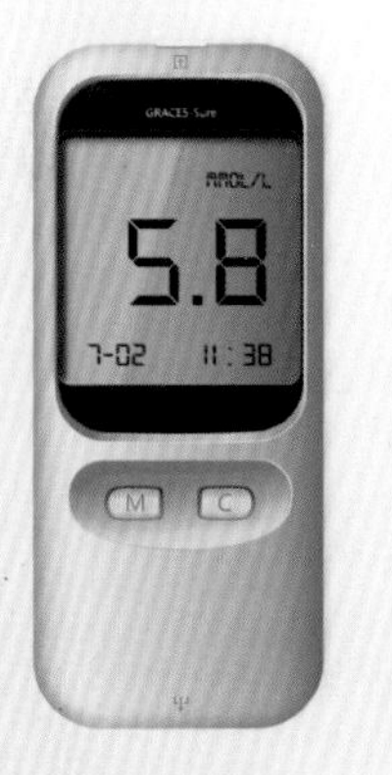

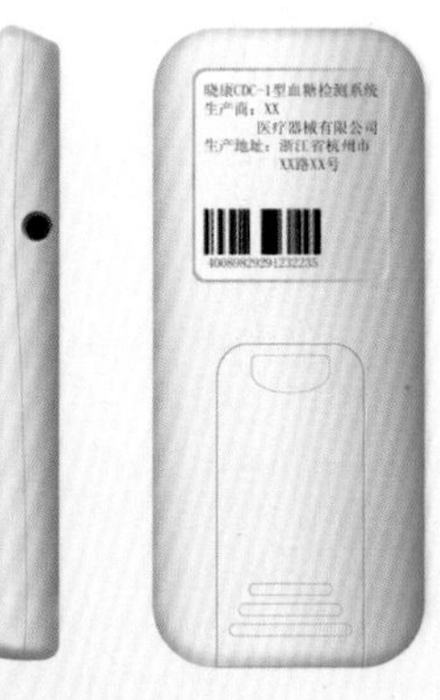

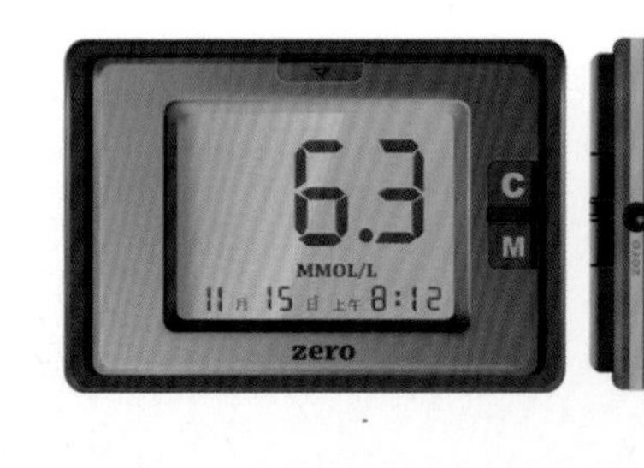

项目来源：南京剑桥医疗器械有限公司

项目名称：晓康家用血糖仪设计

参加学生：05级工业设计艺术B班

指导老师：卢艺舟

项目来源：新力港健身器械有限公司

项目名称：新力港健身器械仪表盘设计

参加学生：沈建伟　骆航兵　邵东君　郑一帆　李静静

指导老师：朱吟啸　华梅立

教学成果

iPod
22:26
Remote
RulerPlus
Seadragon
Spore
Stanza
Tangram Pro
Tap Tap
WinterBoard
gpSPhone
Rick Free
Skype
Google
Rolando
iTunes
CIRARC

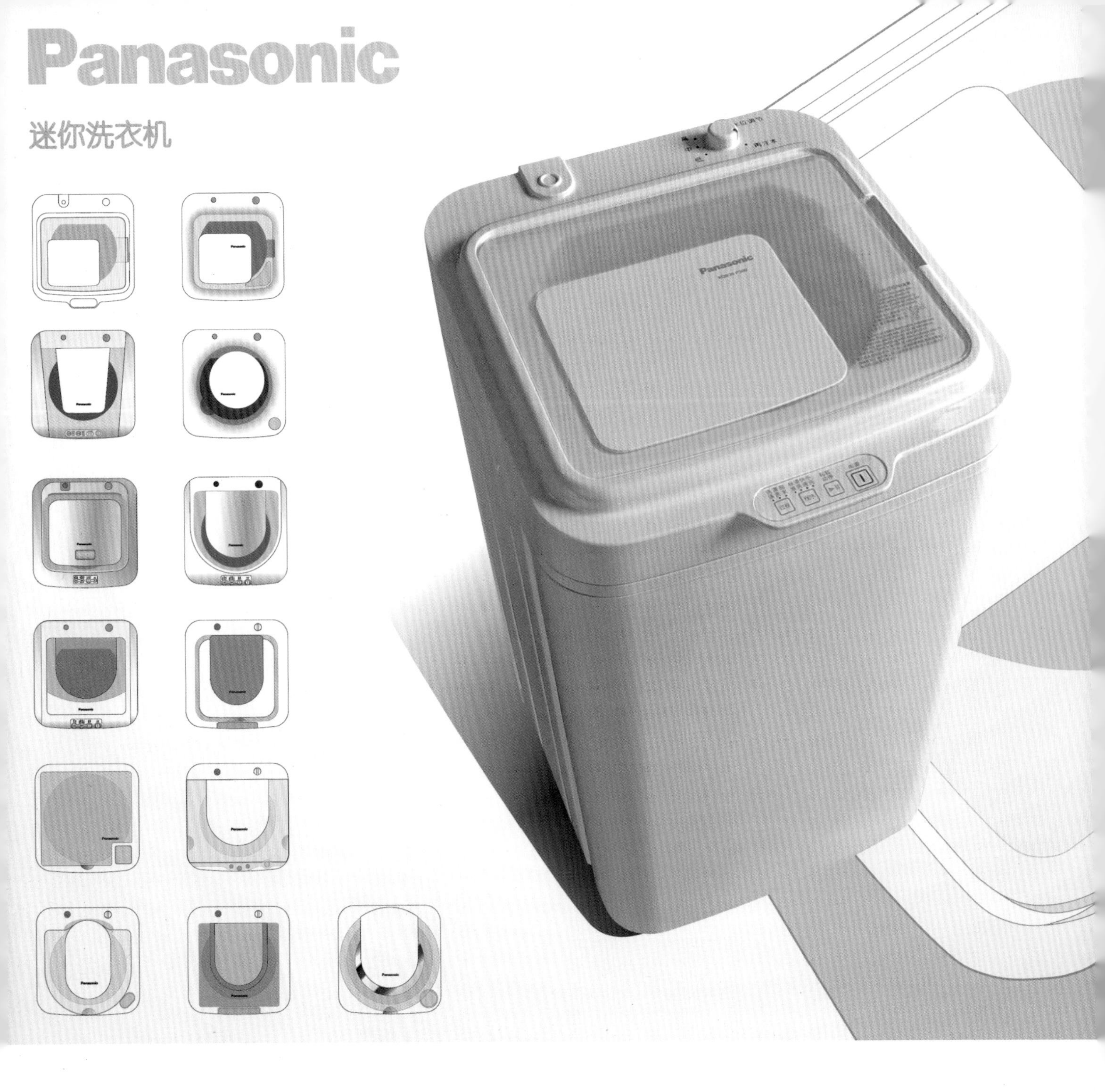

[迷你洗衣机]

学　　生：罗 莎
指导教师：潘小栋

该迷你洗衣机是专为单身生活的人们设计的小容量洗衣机。简洁清晰的控制面板设计，满足单身人群的生活基本需求。

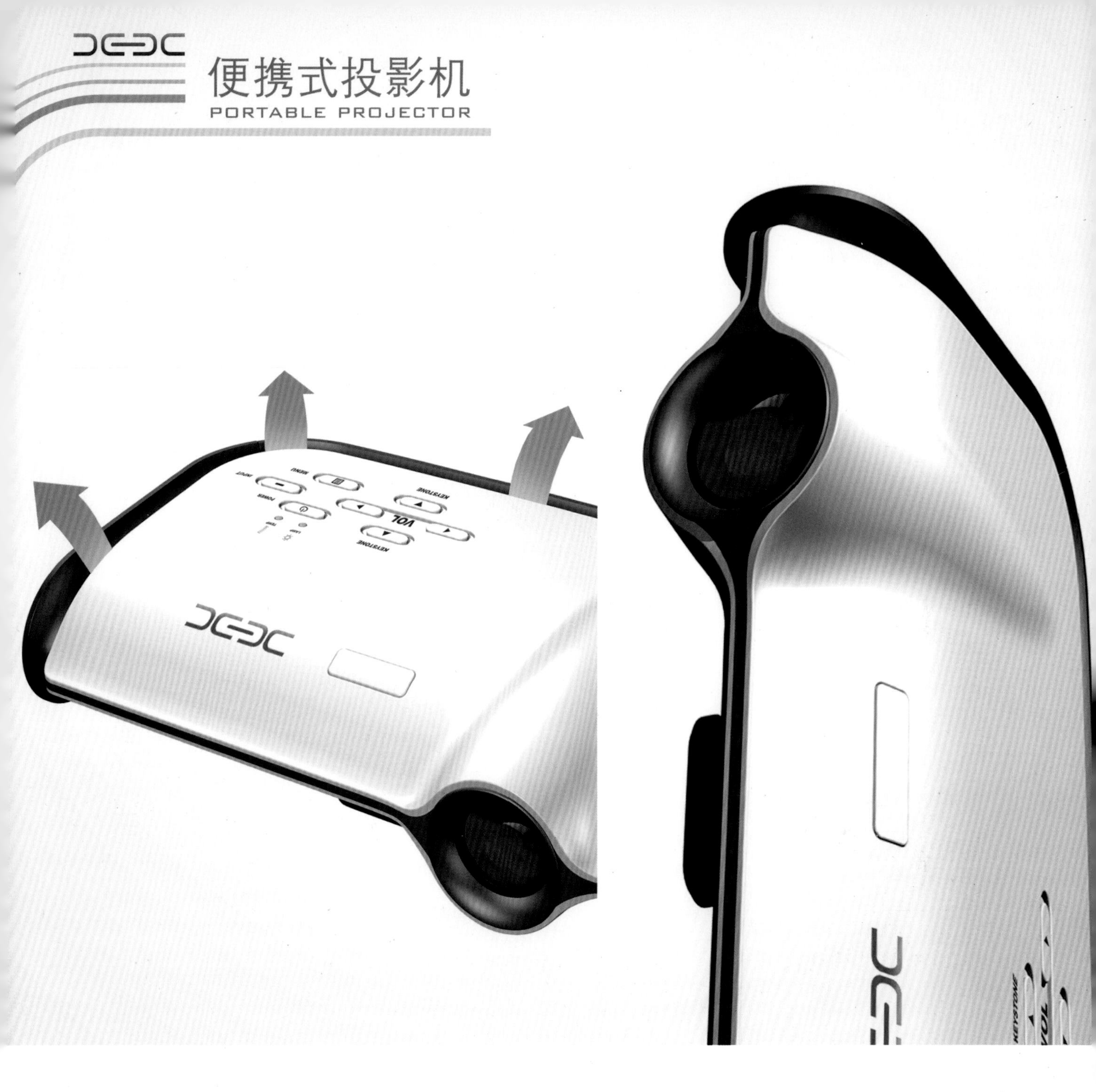

[便携式投影仪]

学　生：江　磊
指导教师：卢艺舟

便携式投影仪具有体积小、重量轻、移动性强的优点，受到商务人士的喜爱。本设计巧妙地将机身分为三部分，强化上下壳体的片状特征，凸显了机器的轻薄。另外，该投影仪的散热口设计也别具一格，设计者将散热口隐在了壳体连接之处，既保证了仪器的充分散热，又不留痕迹。

空气净化器

学　　生：俞文扬
指导教师：郑林欣

该空气净化器设计源于马蹄莲的外形，采用仿生设计；强调产品与环境的关系，使产品融入环境，融入家庭，让产品具有生命力和活力，从而满足人们在日常生活中的精神需求。

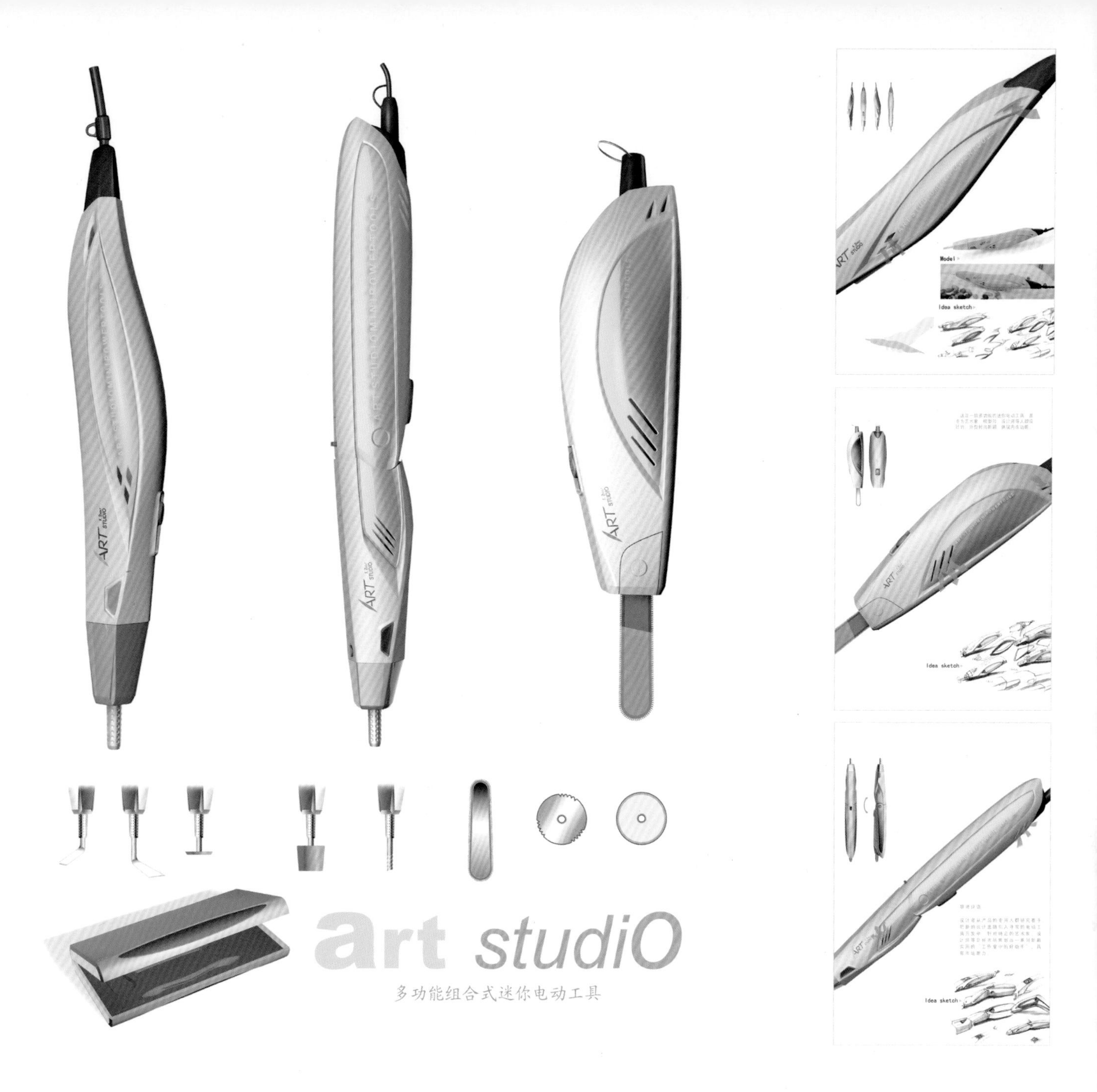

[多功能组合式迷你电动工具]

学　　生：潘春明

指导教师：潘小栋

这是一款多功能组合式迷你电动工具，是专为艺术家、模型师、设计师等人群设计的，外形时尚新颖，并体现内在功能。设计者从产品的专用人群研究着手，把新的设计思路引入寻常的电动工具开发中，针对特定的艺术家和设计师等目标市场人群策划出一系列新颖实用的“工作室中的好助手”，具有市场潜力。

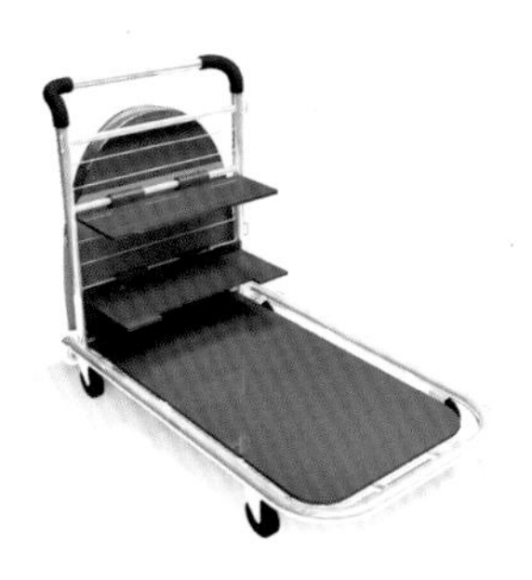

手推车里的居所 Illuminate

SHELTER IN A CART

[手推车居所]

学　生：吴 杰
指导教师：卢艺舟

“Illuminate”推车是专为城市中的流浪者设计的，平时是一辆轻便的手推车，除了存放基本生活用品之外还便于将收集品（如瓶子、硬纸板等）运往回收站以获取微薄但至关重要的收入。到了晚上，当折叠的帐篷被撑开后，该手推车又成为了流浪者挡风避雨的居所。本设计成本低，制造方便，适合社会福利机构推广。

Evolution

Camera in the back

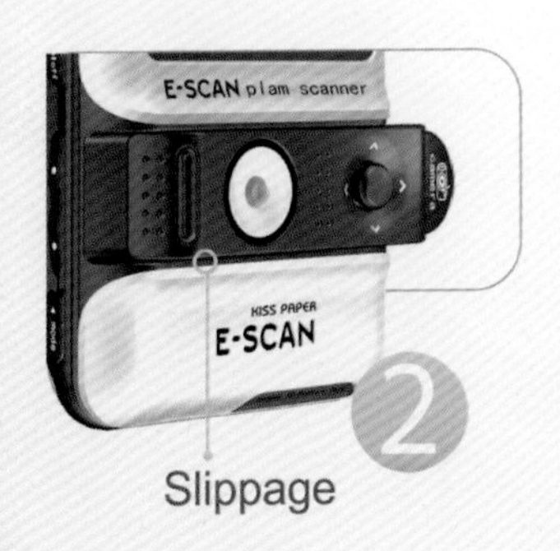

Slippage

[E-SCAN]

学　　生：周　敏

指导教师：卢艺舟

"E-SCAN"是一款可以随身携带的掌上扫描仪，它采用 CIS 技术（ContactImage Sensor, 接触式传感器件）同时内置图像拼接软件，便于设计师从书籍、杂志上获取所需的图文信息，其附加的摄影功能也使超大幅面的图文记录成为可能。

▲ packaging

▼ skech

[电动剃须刀与鼻毛修剪器套装]

学　　生：周成方

指导教师：江　南

该设计包含电动剃须刀及鼻毛修剪器各一款。利用材质色彩对比与肌理触感对比加深产品的视觉与人机表现力，并保持了不同产品的统一系列感。产品与包装整体统一设计，已具备了走向市场的素质。

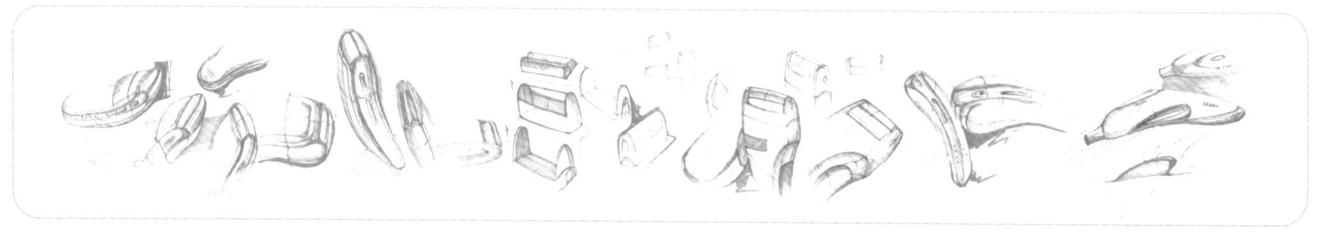

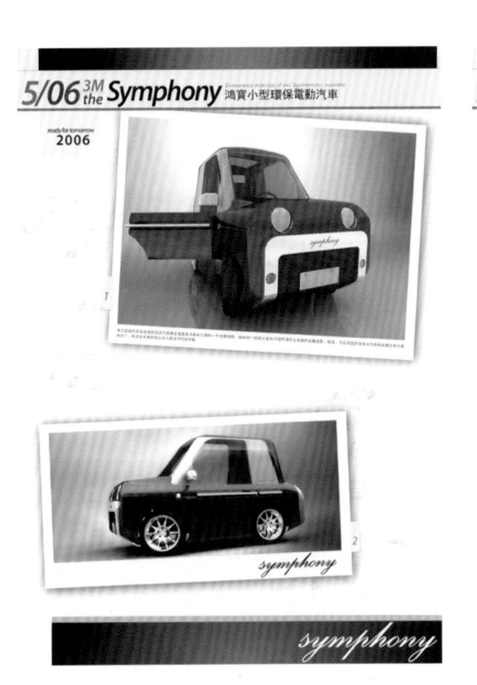

[Symphony]

学　　生：陈　宁 林文利 张跃志

指导教师：蒋佳茜 李久来 庄永成

电力驱动汽车以及混合动力汽车将会是未来汽车动力源的发展趋势之一。此设计包含两款汽车造型设计，Symphony II 的车身较 Symphoney I 能够获得更好地驾驶与车斗空间，同时车架的长宽调整适应了较大尺寸的轮胎。

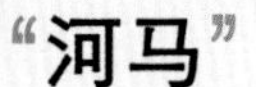

“河马”

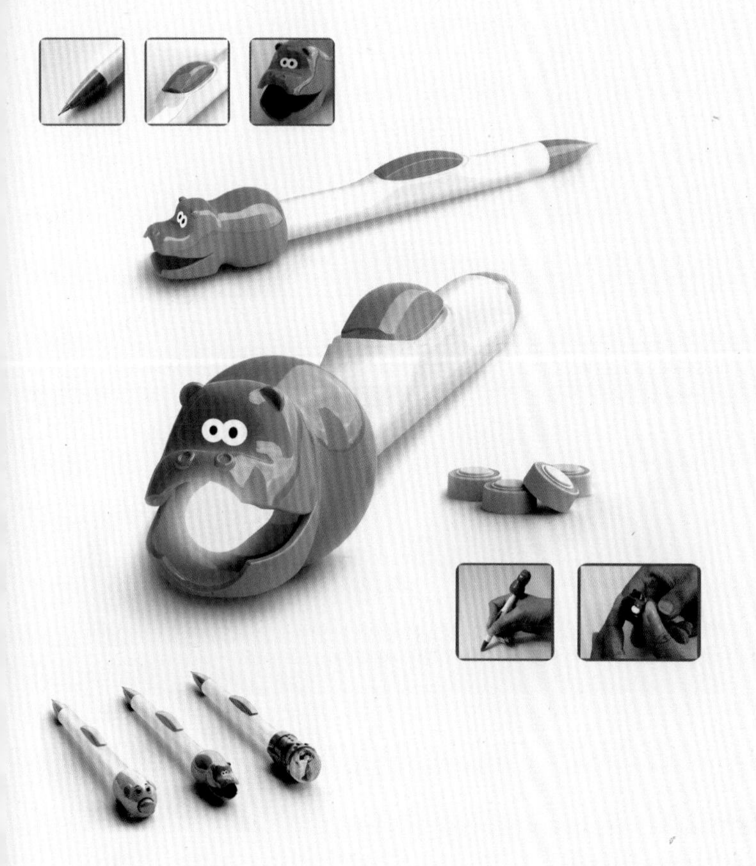

“士兵”

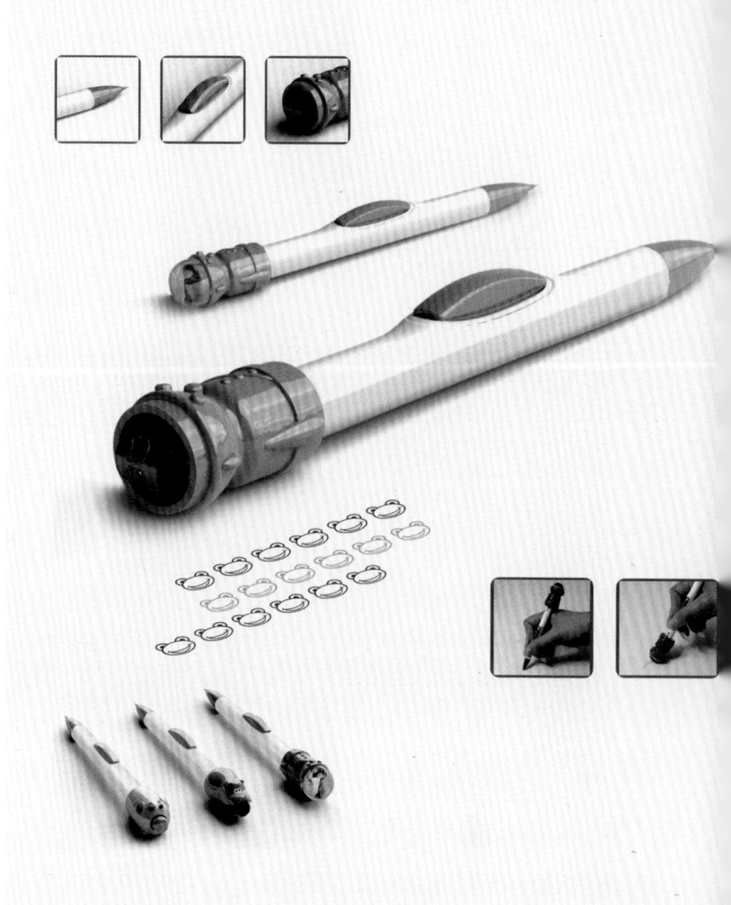

[活动铅笔设计]

学　　生：邓　亮

指导教师：李久来

活动铅笔设计 I: 这款活动铅笔的设计超越了传统的书写功能，运用憨厚可爱的河马造型，在其肚子里安装了四个纽扣状电池，在河马嘴巴里安置了小灯泡。良好的照明性能，给回家的孩子带来安全感。它不仅是书写工具，更是一种趣味、时尚的生活，让你在生活、学习、工作中享受圆舞曲般的轻松与快乐。

活动铅笔设计 II: 印章是五千年中国文化的缩影。可爱的士兵造型外壳结合圆柱的滚印应用到活动铅笔上，与普通的平面印章的局限性相比，它延伸了印章的长度，好似在本子上描绘美丽的长廊壁画，丰富多彩。

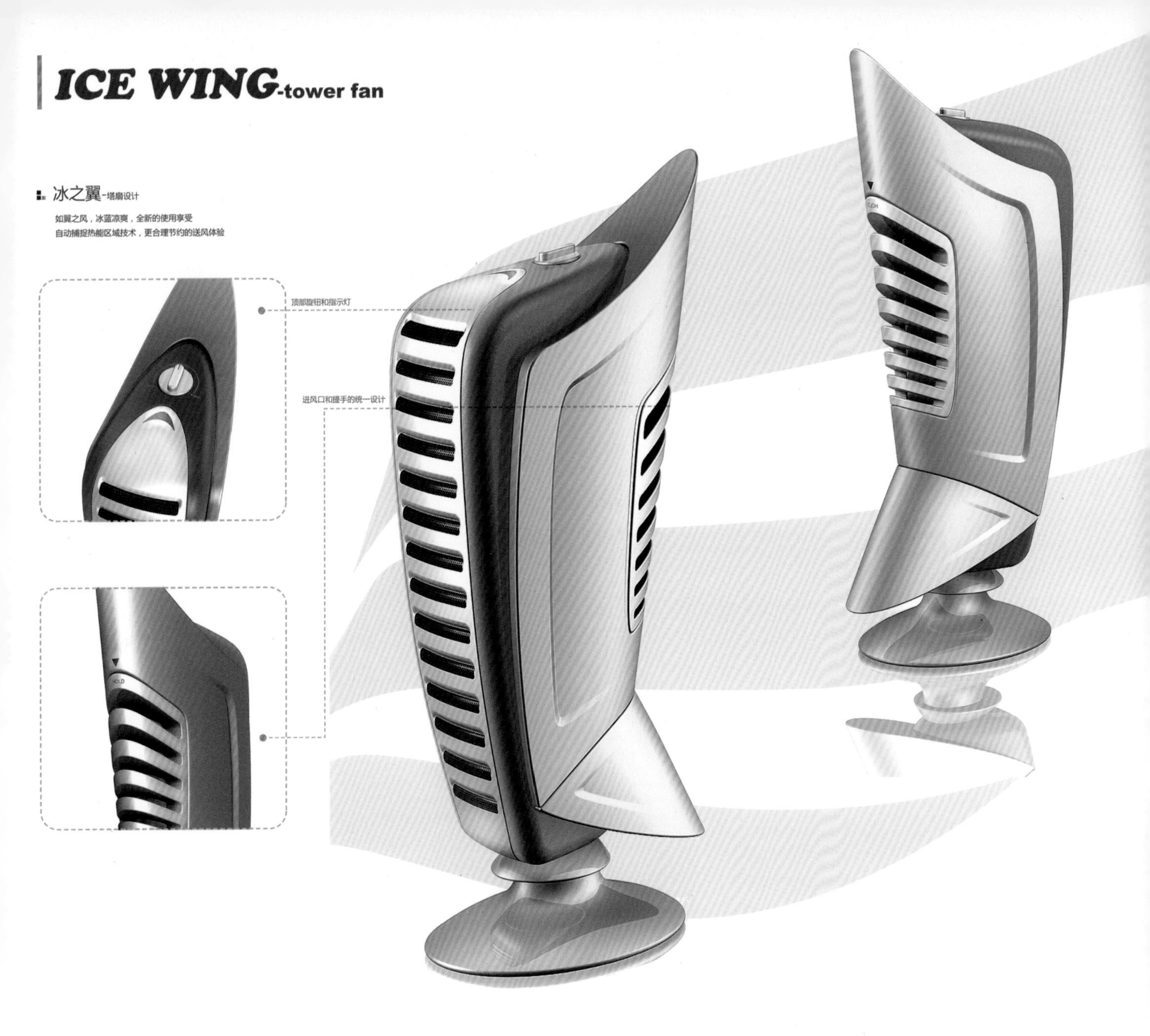

冰之翼

学　生：金　珊
指导教师：潘小栋

冰之翼塔扇设计以飞行器机翼设计为造型特征，体现风扇中风的流动趋势。整体色系为冰蓝色，简洁运动。在技术上嫁接了自动捕捉热能区域技术，以实现更合理、更环保的送风方式。

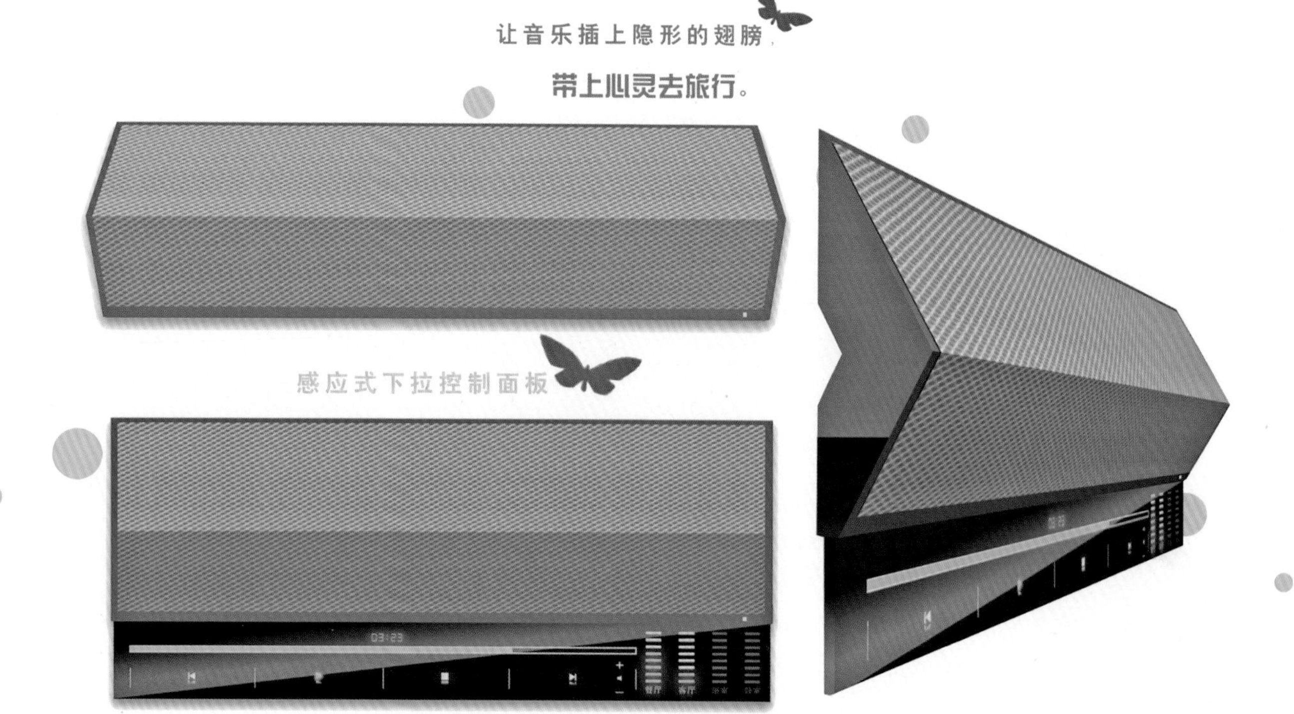

Wireless Life

家庭无线主题音响系统
分离式音响

分离式音响可以把它放在每个你需要有音乐的房间，通过主服务器把你喜欢的音乐传到家庭的每个角落。

Disconnect-type audio can readjust oneself to a certain extent with it in every corner that every room that you need to have music, music you is fond of by host server biography to arrive at a family.

[分离式音响]

学　　生：莫佳君
指导教师：张宝荣

此款分离式音响是一款家庭无线主题音响系统，可以安放在每个你需要有音乐的房间，通过主服务器把你喜欢的音乐传到家里的每个角落。

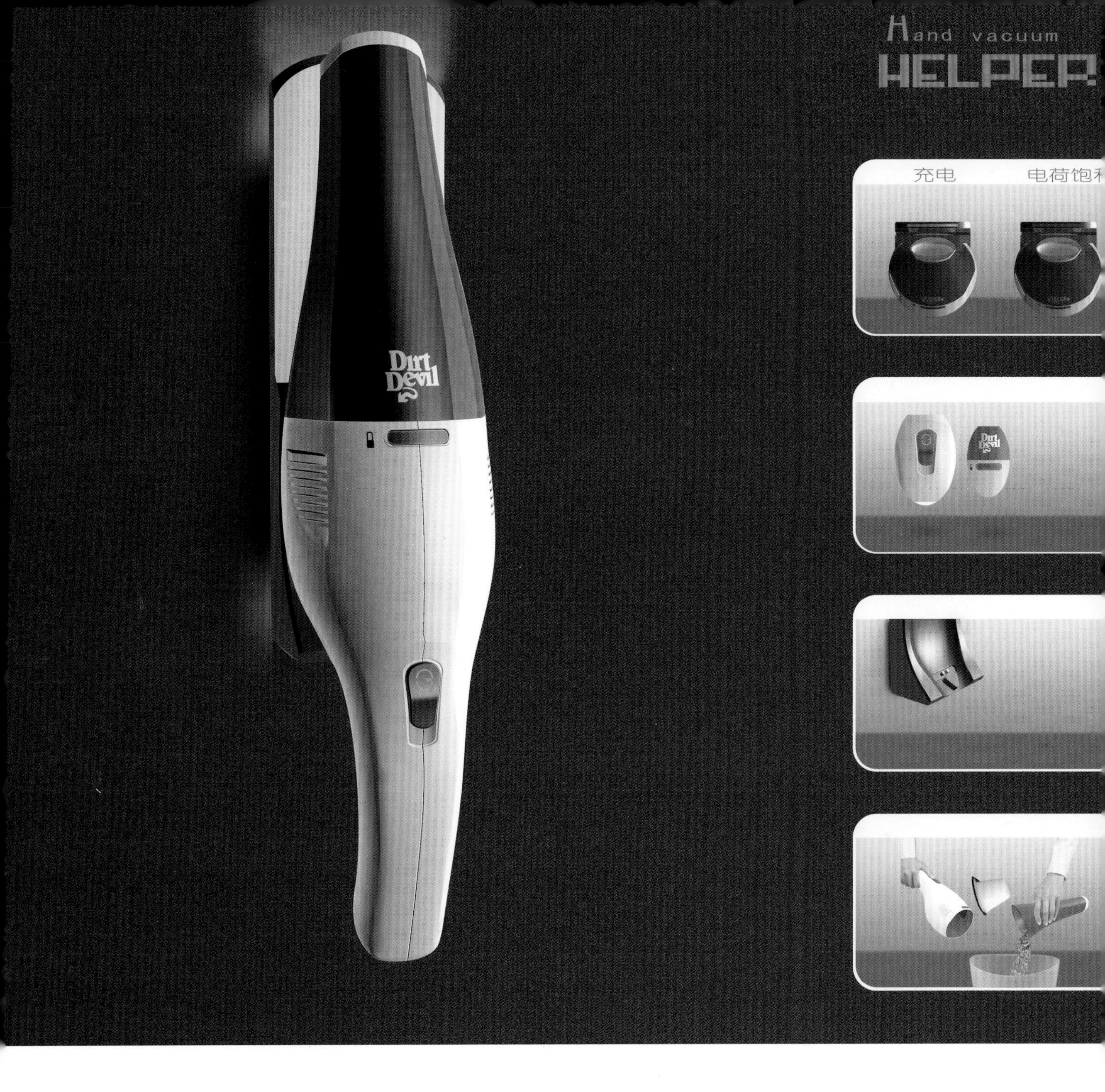

手持吸尘器

学　　生：梁文燕
指导教师：卢艺舟

Helper 是一款手持无绳吸尘器，便携操作，简易的拆卸倾倒结构，易于拿取的吸尘器壁挂式充电装置，是现代栖居除尘的最佳选择。

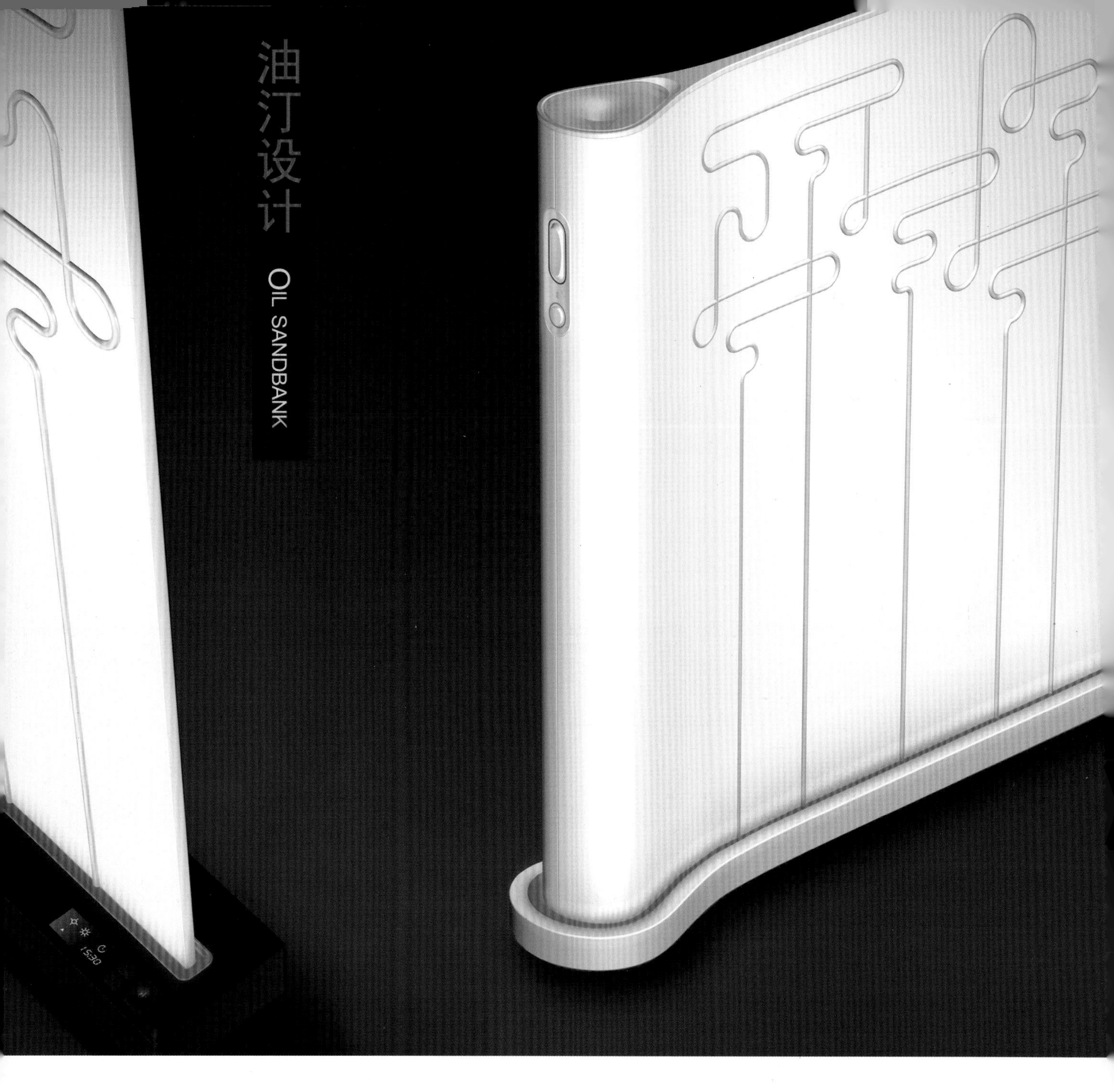

油汀设计

学　生：雷　丹
指导教师：卢艺舟

设计者别出心裁地将平板油汀的设计重点放在了油路的图案设计上，灵动的现代图形丰富了传统平板式油汀呆板的表面，点缀着现代家居。底座的 LED 灯带一方面指示着温度变化，一方面也加强了油汀的装饰效果。右款油汀具有加湿功能，嵌入的加湿器与油汀融为一体。

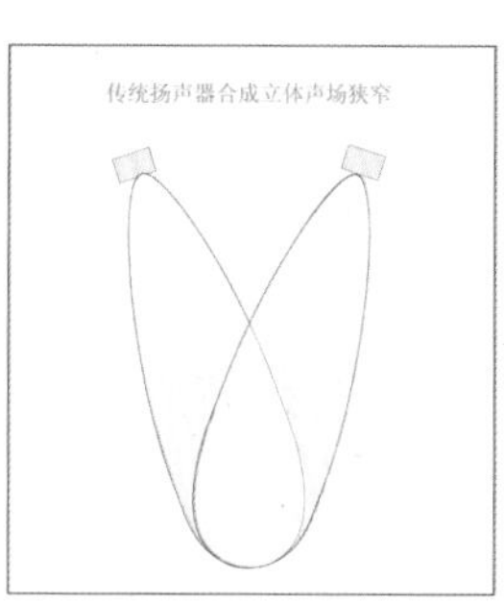

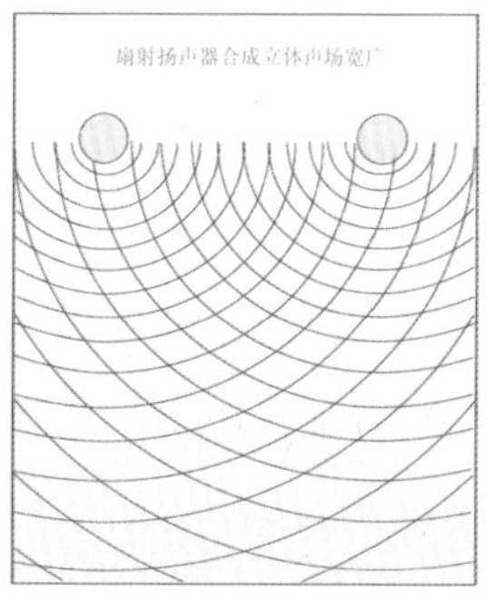

[ICE BOMB]

学　　生：陈姿孜

指导教师：卢艺舟

“Ice Bomb”音箱采用了先进的扇射扬声器技术，扬声器单元所发出的声波水平辐射角度可达 180°，垂直辐射角约 45°，使用户不受座位束缚，能自由地享受欣赏音乐带来的乐趣。音箱的造型充满未来感，凸显了产品的技术优势。

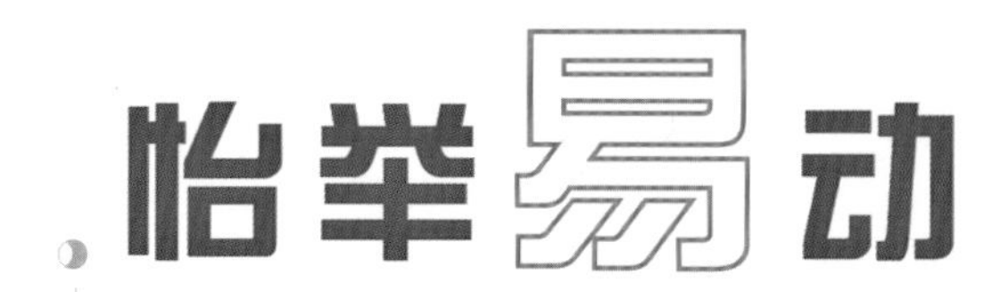

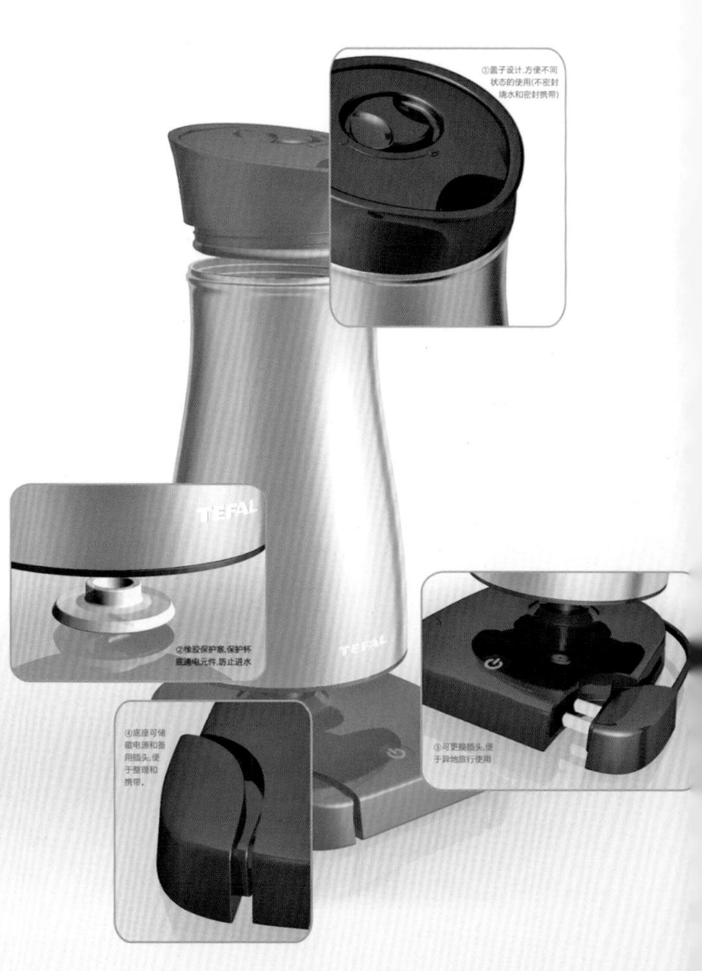

怡举易动 便携式电水杯

学　　生： 余伶俐

指导教师： 李久来

此款便携式电水杯，既是一个小型电水壶，又是可以直接喝水的“杯子”。它是为喜欢旅行或经常出差的人群设计的，使出门在外的人们可以补充更健康、更安全的生命水源。

Cooking Time 食品料理机

学　　生：许舟静

指导教师：李久来

该款食品料理机整合了磨、切、揉、蒸、煮、炒等功能，引入了触摸式界面，款式独特，是一款具有市场潜力的产品。

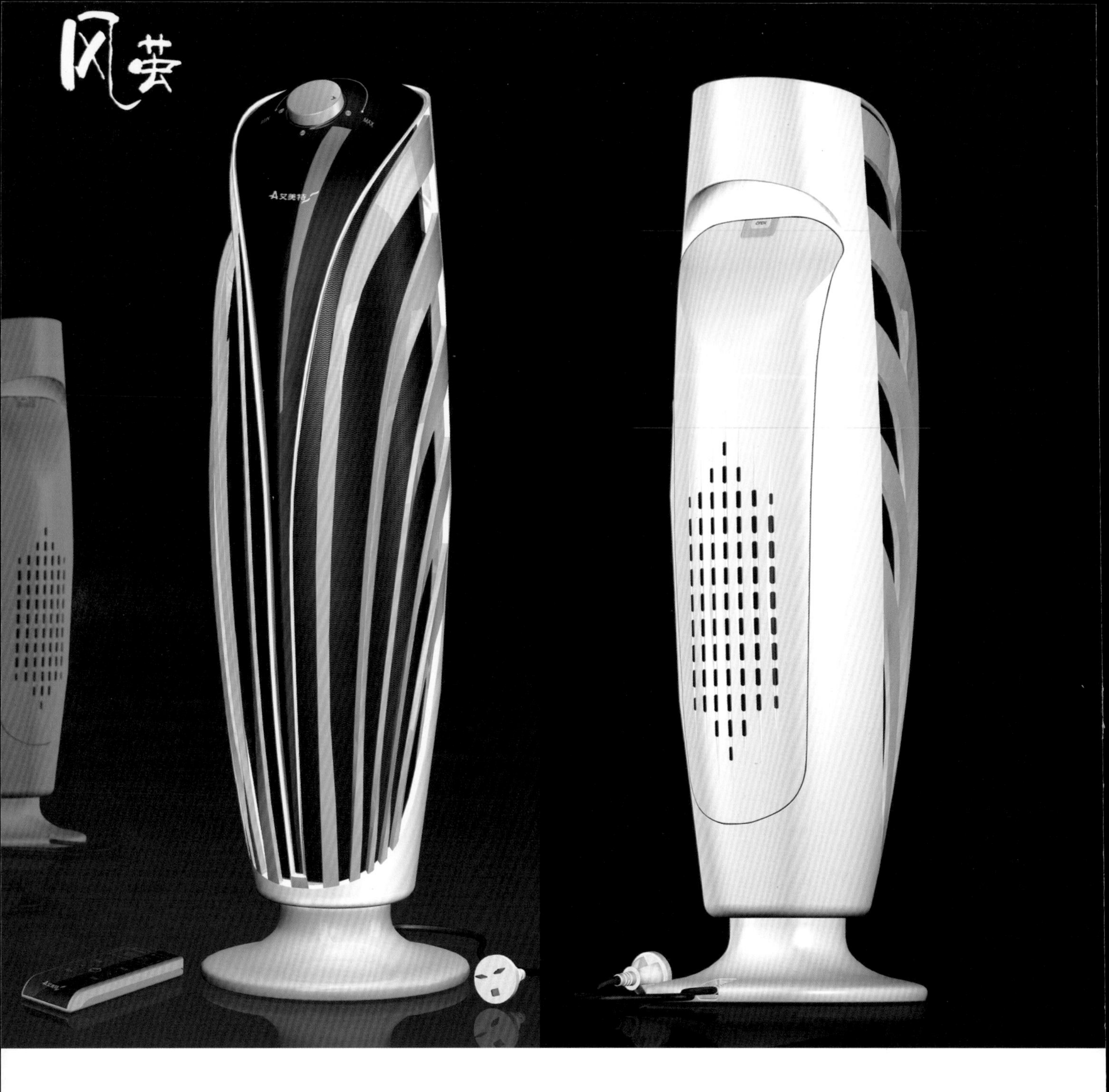

["风茧"运动塔扇]

学　　生：杨道伟

指导教师：潘小栋

本设计的主题是 2008 年奥运会、2008 年运动年的设计理念。在整体外观上运用流畅的线条来体现运动感。在细节上采用了自然的元素，如旋钮周围的水纹和进风孔的动物抓痕元素。黑色和黄色的搭配给产品整体增加了几分运动感。

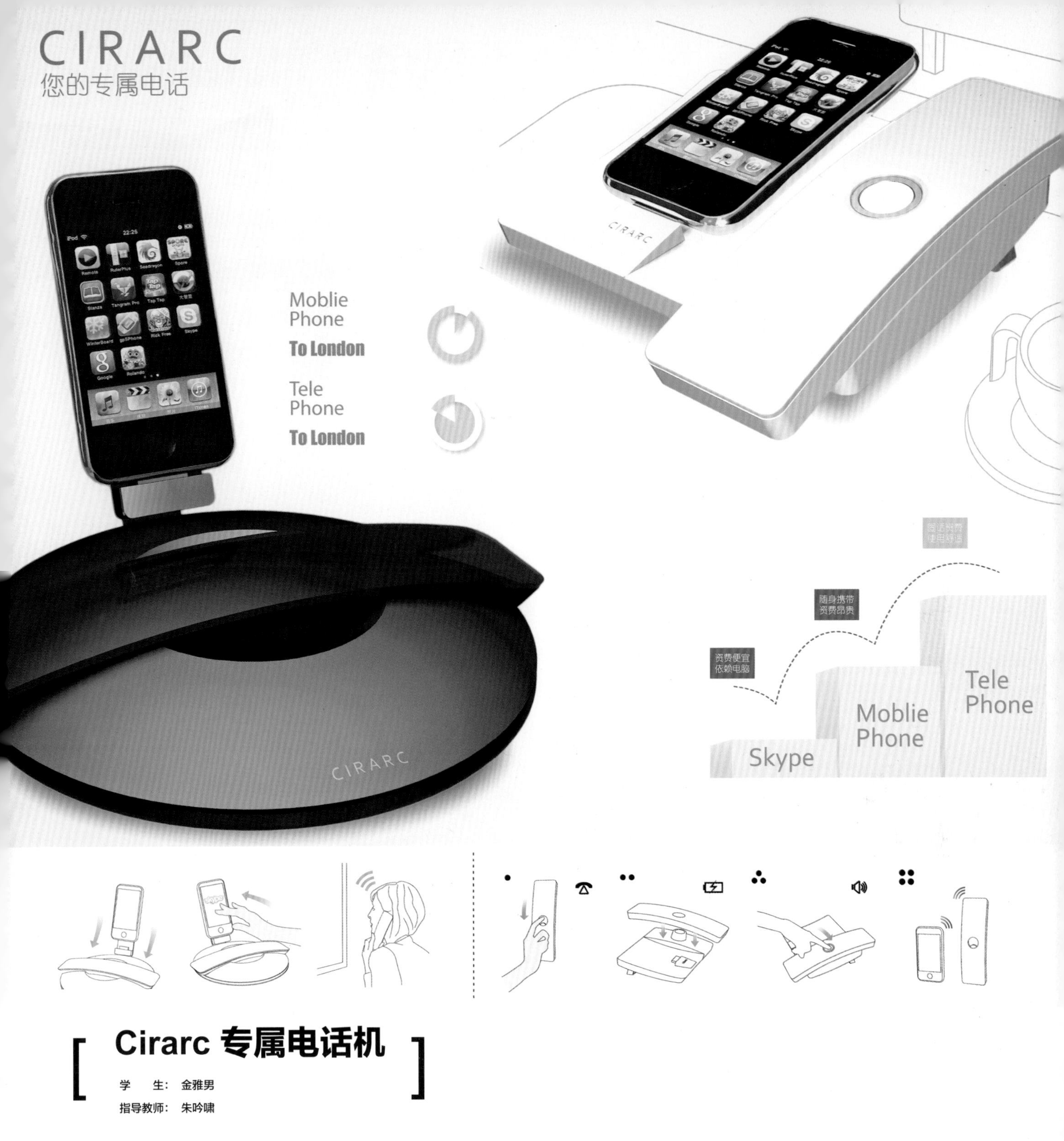

[Cirarc 专属电话机]

学　　生：金雅男
指导教师：朱吟啸

以上两款话机是为 iPhone 定制的专属话机。摆脱了手机打电话不够舒适的手感，并且利用 iPhone 自带的软件拨打、接听 Skype 网络电话。话机通过自带蓝牙功能与 iPhone 充电。此款话机追求的是品质生活的设计理念。以白色为主基调的话机设计，使得手机不再是冷冰冰的科技产品，融入了家庭气息，为移动电话赋予了固定电话的身份，带来通话的全新体验。该设计者关注目前市场上最新款的移动交互设备，同时通过自身所学设计相关移动交互设备附件，可谓锦上添花，学以致用。

将“绿色”带进厨房...

——绿色时尚家电设计

竹编框

薄膜按键

散热孔

提手

将“绿色”带进厨房

学　　生：张小蕾

指导教师：裘　航

本设计在工艺上使用了传统细致的竹编和时尚的烤漆，为冰冷的家电穿上了漂亮的外衣，形成了时尚和自然的鲜明对比。微波炉和烤箱的结合充分利用了有限的空间，符合现代家庭的快节奏生活。简洁的设计风格迎合了时尚白领和单身一族的消费理念。会呼吸的绿色竹材不但让家电不再冷漠拒人，更能让我们在乏味的家务中享受来自大自然的气息。

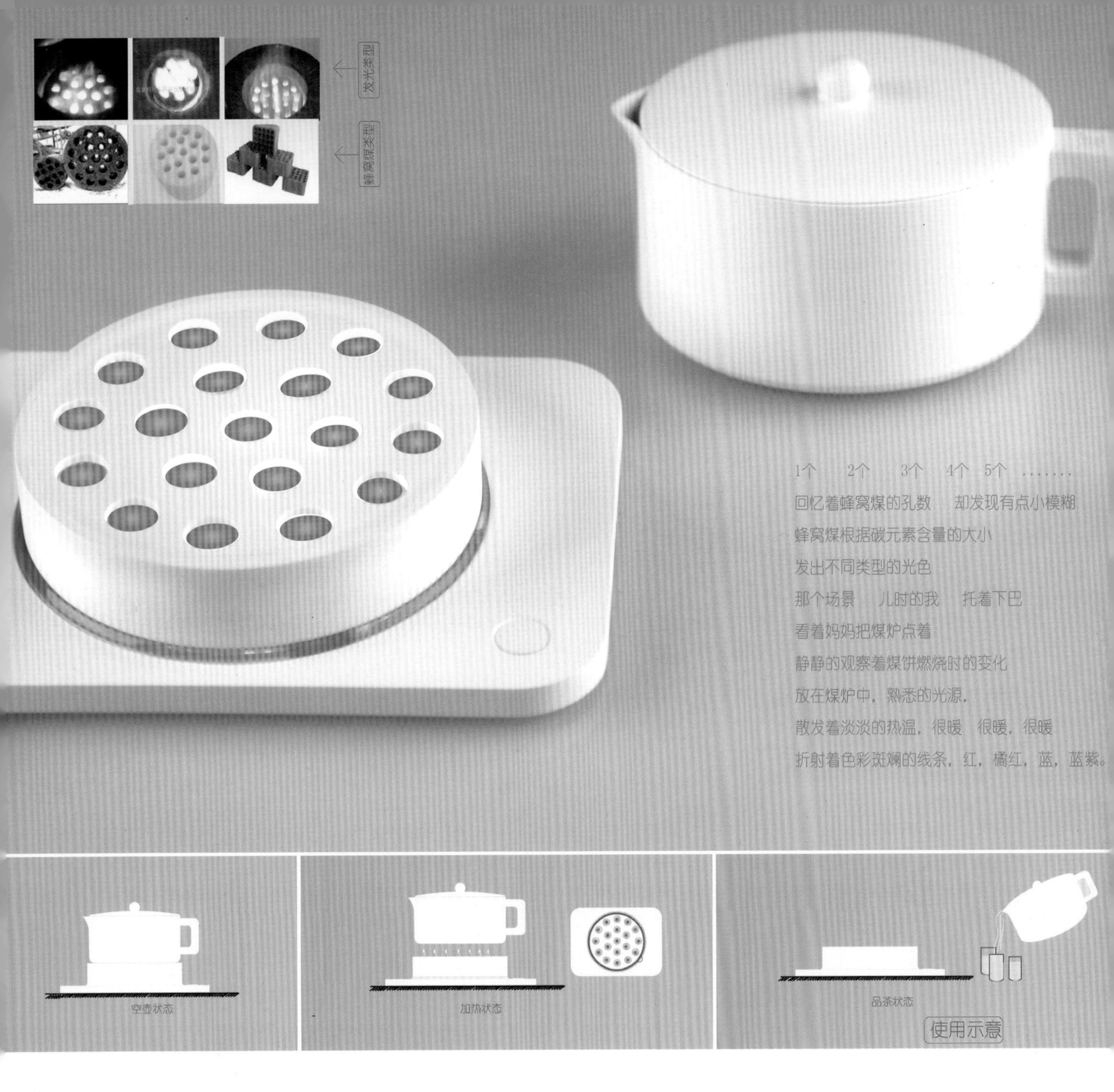

电暖水壶

学　　生：王　娜
指导教师：卢艺舟

曾经，我们围在煤炉旁，看着炉中闪烁着的点点红光，静静地守着茶壶水开，身也暖暖，心也暖暖。此款桌面电茶炉以蜂窝煤为设计原点，希望人们在品茶的过程中放慢节奏，重温旧日情怀。

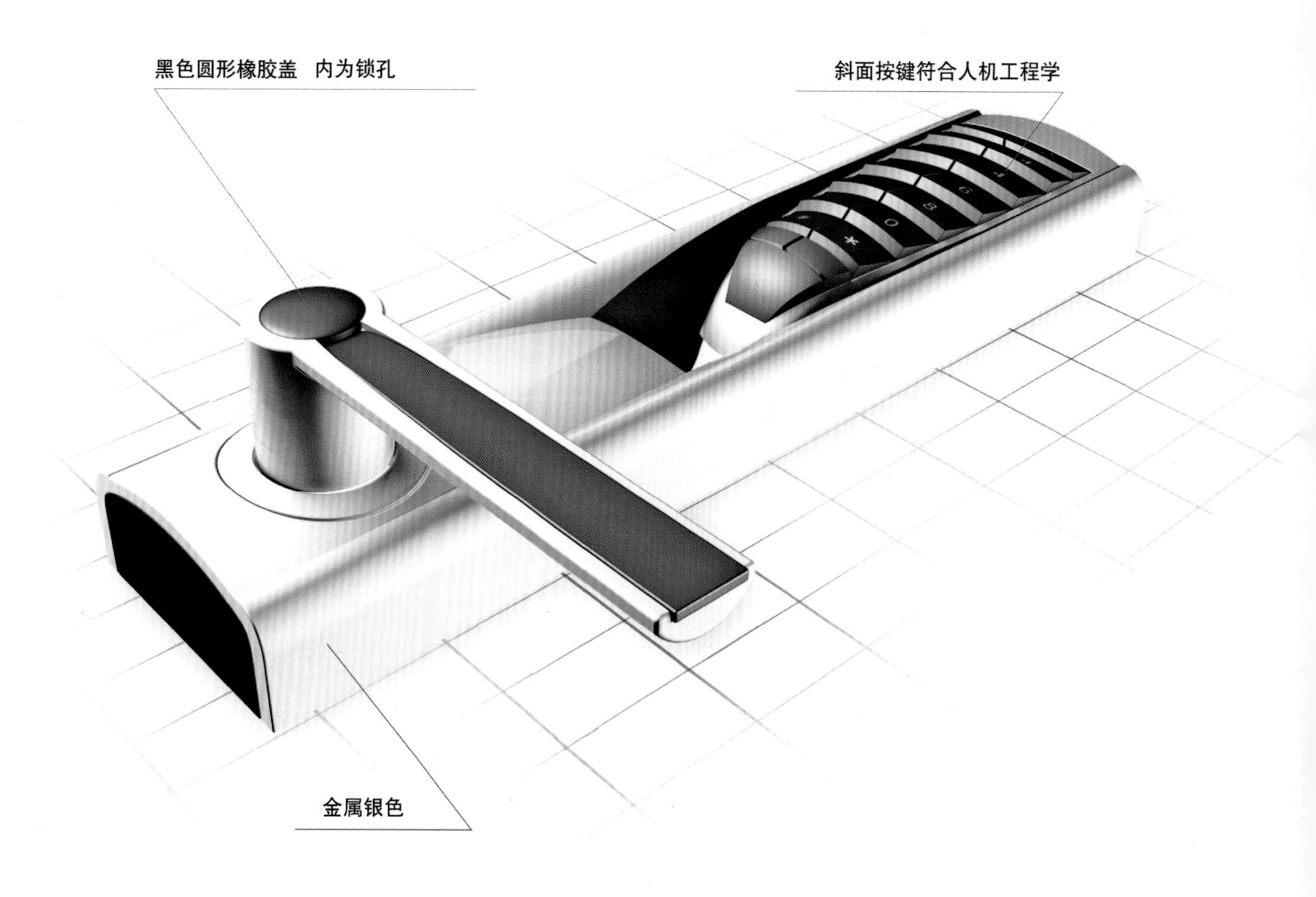

[银盾 智能指纹锁]

学　　生：赵　程
指导教师：江　南

该设计是一次实际项目产品设计，因此按照商业设计的标准进行设计工作。此款指纹锁外形修长，凹凸有致，圆滑舒适，按键的设计符合人们心理审美标准。设计灵感来源于古时盔甲的层叠造型和流水的态势，银色为主色调，安静且不乏时尚感。

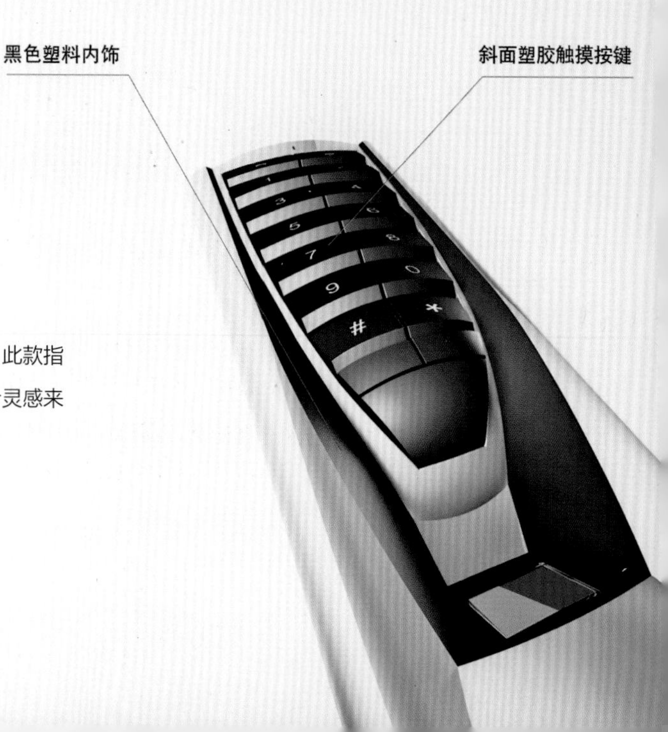

[Soop 盲人阅读器]

学　　生：赵 晨
指导教师：潘小栋

书本是我们获取知识的一个重要途径，而盲人想获取同样的知识需要阅读特殊的盲文书籍。此类盲文书籍的翻译和制作相对繁琐且门类和数量相对于常人书籍又甚少。该款盲人阅读器经过底部的扫描设计对文本进行扫描后，输入到阅读器内部，经处理后转译为盲文，并借助一种叫做magneclay（磁化液）的概念材料呈现盲文以供识别。盲人使用此产品便能方便地阅读普通书籍。

[蒸笼设计]

学　　生：周灏娜
指导教师：卢艺舟

这是一款充满古韵今情的桌面小家电。该设计提取了传统蒸笼的造型和材质特征，留住往日温馨的同时，也不失现代家电的便捷。

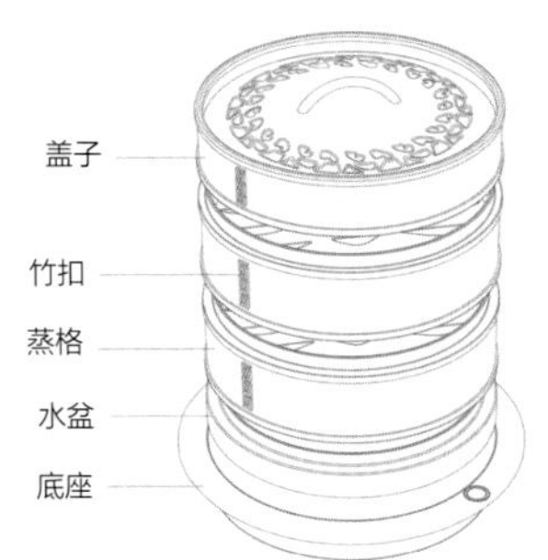

花式咖啡机

学　　生：赵　烨
指导教师：潘小栋

咖啡也可以如此美丽 —— 通过这台全自动咖啡机，可以用牛奶在咖啡上画出自己喜欢的图案。内设隐藏式咖啡喷嘴和牛奶喷嘴，并有多款图案供用户选择，实现磨粉、压粉、装粉、冲泡、绘制、清除残渣等酿制咖啡全过程的自动控制。整体造型由多个不同大小的圆润长方体构成，整体统一，有张力。豆箱中的咖啡豆与机体的白色搭配稳重又不失高雅。

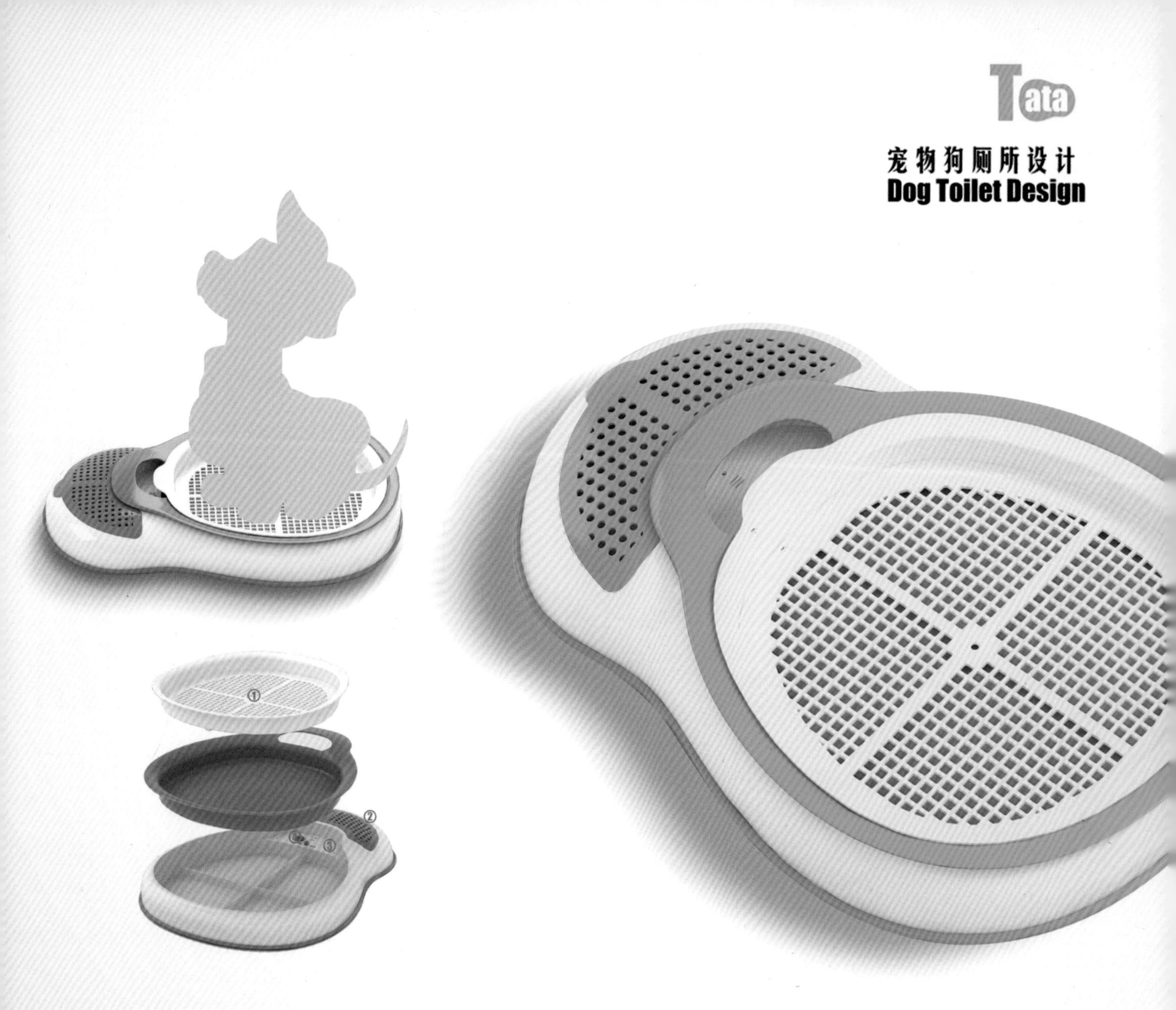

[宠物狗厕所设计]

学　生：黄　莹
指导教师：张宝荣

这是一款为小型宠物狗设计的宠物厕所。外观的造型元素提取自水在地面上散开后形成的各种自然形态，结合产品的使用功能，浑然一体，简洁大方。产品配色为白色和绿色，给人清新自然感。在功能上，此设计增加了它的储藏功能，可以放置宠物的生活用品；同时考虑到居室环境的卫生整洁，便于主人及时清理打扫，通过提醒器来告知主人，增进人与宠物之间的关系。

DIRECT DRINK MACHINE FOR THE BLIND 盲人直饮机

Designed for the blind

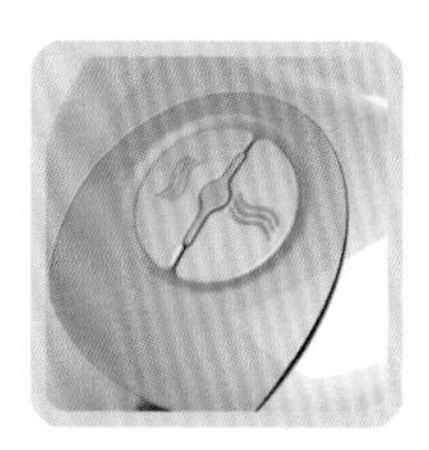

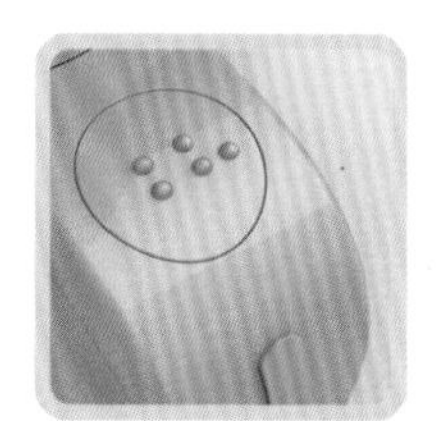

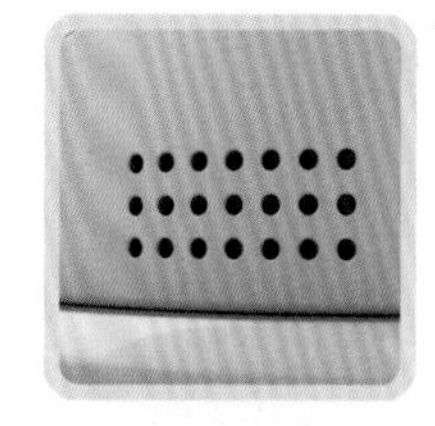

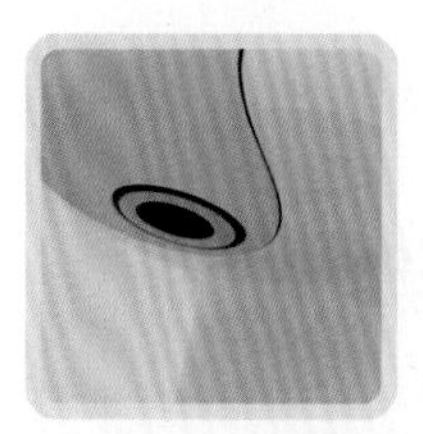

盲人直饮机

学　　生：王　莹

指导教师：张宝荣

喝水对我们来说是极其平常的事情，但对于盲人来说喝水时总是得小心翼翼地倒水，因为盲人无法准确地得知自己水杯中的水是否已经溢出。此款盲人直饮机的设计主要以先进的过滤技术为依托，自来水直接经过壶体中的过滤管并可通过加热片直接产生 90 摄氏度以上的热水，方便了盲人对热水与冷水的共同需求。壶体后部设置了隐藏式扬声器用于提醒盲人水是否已满，壶体前部设有触摸式按钮分别指示热水与冷水。杯子手把顶部有一个盲文温度凸点显示按钮，拿着水杯时用大拇指轻按按钮，按钮处就会指示现在杯中液体的温度。

回到黑胶

Vinyl revolution

音乐是渗透在骨子里的气息，他加速音乐的传播，他成就生活的品质
与音乐融合，用睿智与情愫赋予音乐心灵的诠释，营造让你醉生梦死的情景与氛围。于是，你陶醉、你疯狂、你追随……
寻回了都市源头的幽静，繁忙背后的轻松，黑胶赋予了生活特质，最韵味的一面

[回到黑胶]

学　　生：邹喜平
指导教师：潘小栋

设计灵感来自于黑胶唱机，音乐随心所放。黑胶唱片的音质无与伦比，故将其原始的外表用现代的技术进行一次前所未有的革命。该音响使用方便，音响左边的长方体是一个滑动的开关，只要将开关轻轻划到酷似黑胶唱片的液晶屏幕上，就可以马上启动音响，音响的音量完全是由这个开关控制，调节音量就像打碟一样乐趣非凡。触摸屏技术的运用，使你只需在屏幕上轻轻点击，操作界面便会浮现，引导你进行各项操作。

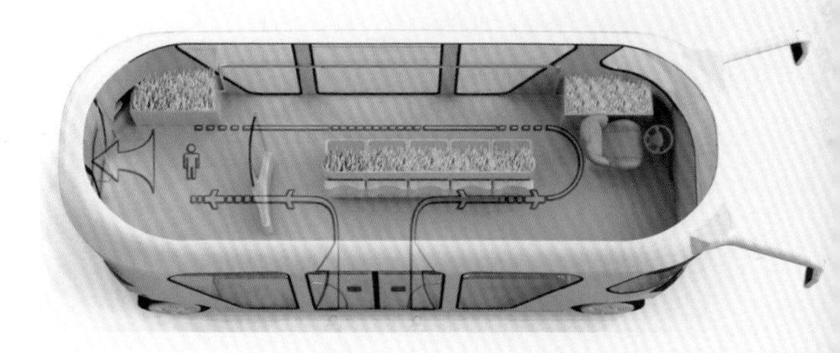

[CAMPUSNAIL 绿色校车]

学　　生：张德旺
指导教师：朱吟啸

Campusnail 是一辆绿色概念的校园巴士，它依靠电能行驶，阳光照在车身上会转化为电能存储起来供车使用。巴士取消了传统的投币和售票方式，采用带有个人信息的一卡通刷卡制。透过宽大的车窗玻璃，乘客可以欣赏到车外的风光。此款校园巴士为校园提供了一个公共移动场所。车上配有 LED 传媒系统，方便乘客及时了解学校的相关信息，同时也可以成为学校的一个公共交流平台。车内设有绿色种植区域，在你乘车的过程中，可以亲身体验身边的绿色，使得乘车成为一种亲近自然的享受。该设计较好地体现了人与自然和谐共生的概念，将绿色深植于人们日常所乘坐的交通工具之中，自然而富有创造力。

别样人生

学　　生：王莹媛

指导教师：李久来

此款可折叠式座椅的设计灵感来自回形针，在视觉感上延续了回形针的轻巧。这款椅子定位为餐椅或商场、店铺等公共场所内供顾客短暂休息之椅。折叠关节处孔位与蓝色杆件总长度是经计算得出的特定值，使得两种状态（伸直与弯折 90 度）都能够固定住。

[衣靠–衣物烘干器]

学　　生：王利男
指导教师：潘小栋

人们习惯把穿过一次却还没脏或潮湿的衣服挂在椅背上。根据人们的这种日常行为习惯，设计了此款衣物烘干器。该设计把椅子与衣架造型有机结合在一起。椅子的造型作为墙面的延伸，使产品与墙面产生空间感。 产品外观以椅子为造型元素，挂钩和椅背曲线的设计来源于衣架，符合人们挂衣服的潜意识行为。烘干时可以防止衣服褶皱，打破了以往烘干器的造型，更贴近人们的生活。

隐魅 ——家居时尚多功能花插设计

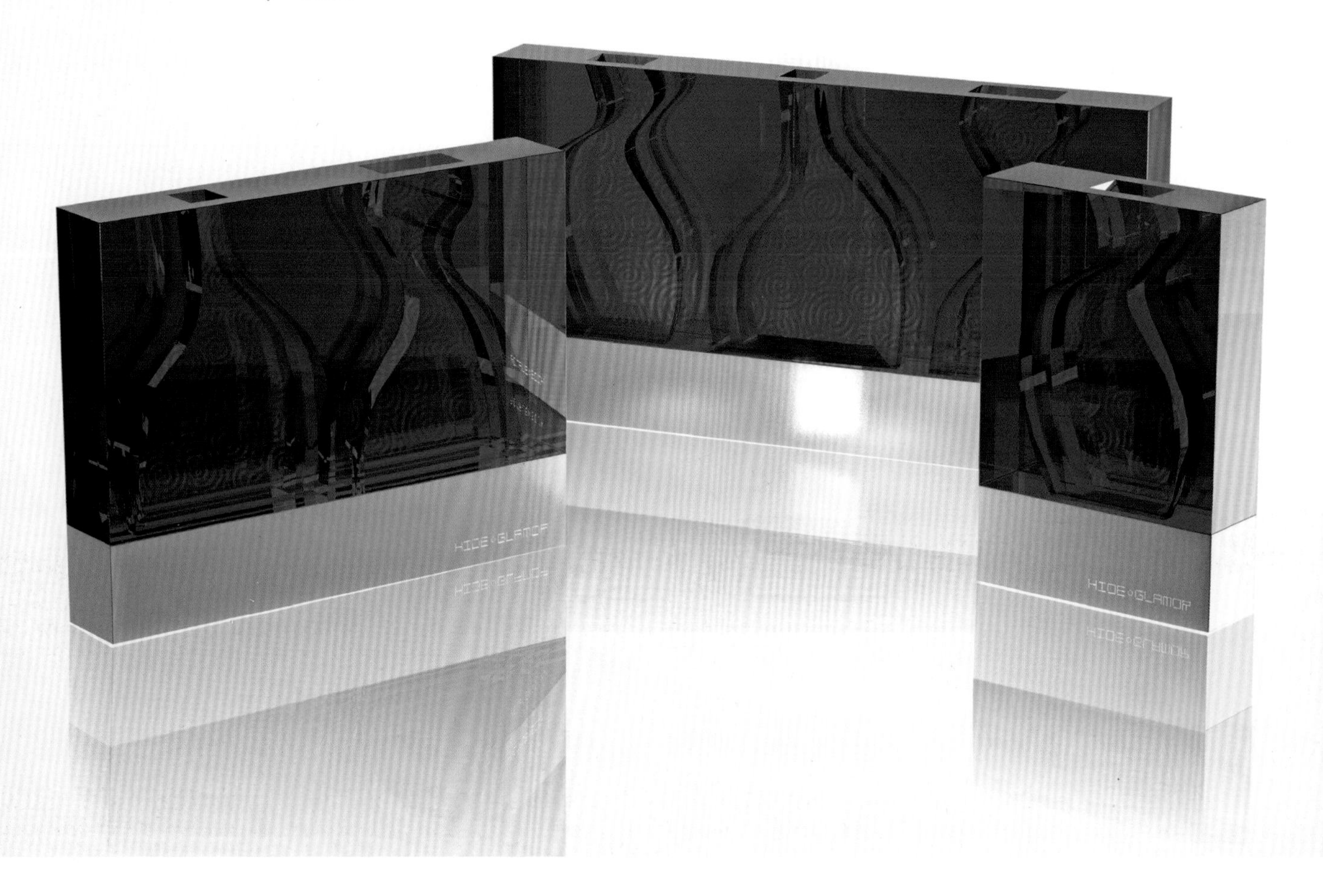

隐魅-花插设计

学　　生：高俏琳
指导教师：裘　航

隐魅家居时尚多功能花插设计，融入中国古代青花瓷瓶的造型，瓶身运用了具有中国传统纹样的元素。同时通过正负形的演变和亚克力以及铸铝材料的使用，使其更富有现代时尚感，错位镂空的形式给人以梦幻感。独特的底部设计，纹理与瓶身呼应，并具有烛台的功能。使用者可以根据自己的喜好选择各式鲜花，LED 灯照射出隐藏在其中的花瓶及其纹理，颇显浪漫气息。

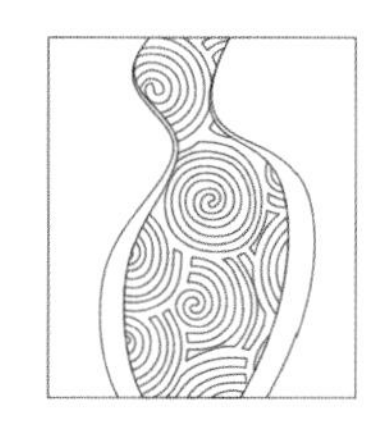

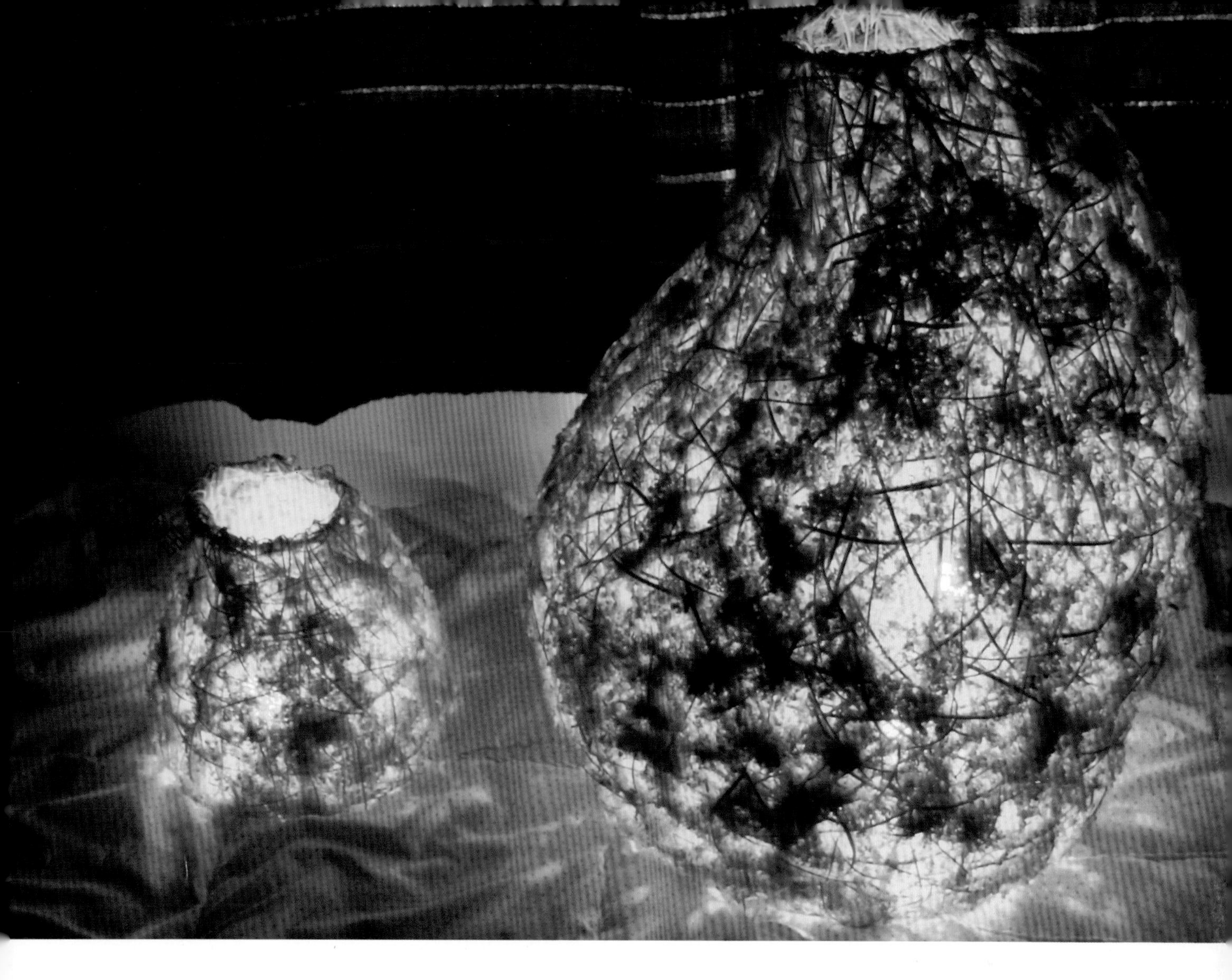

栖居

学　　生：戴炎铭
指导教师：蒋佳茜

栖居组合式藤编灯具在个人空间可作为装饰品使用。通过深刻观察自然界的生活，以自然的造型为元素取材，勾勒了一个栩栩如生的动物栖居造型。该设计为绿色设计，使用传统的编织物 —— 藤作为材料，以生态设计为设计目标，在设计阶段将环境因素和预防污染的措施纳入产品设计中，材料来自自然，又回归自然，并在本质上更接近自然。产品提倡绿色的生活方式，将人与物品融为一体，从而使设计的人性化以及和谐性得以真正体现。

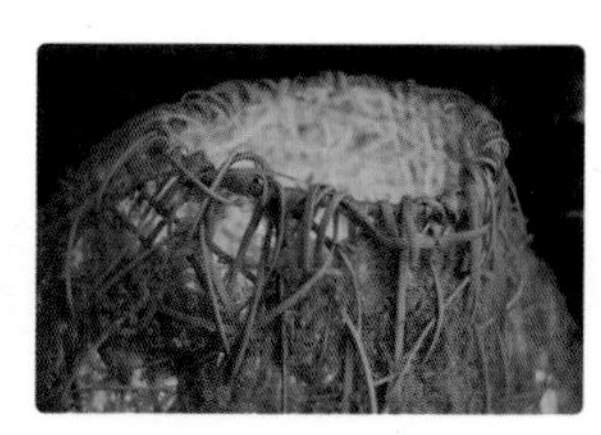

置物架设计

学　　生：林　文
指导教师：卢艺舟

两把旧梯子，十二张胶合板，刷上自己喜欢的颜色，一个别具韵味的置物架便诞生了。该设计巧妙地将梯子作为支架，充分利用了废弃物的特性，发扬了 DIY 精神。

[雨花石 花瓶设计]

学　　生：杨小娥

指导教师：裘　航

该设计打破了传统花瓶的造型方式，融入了新的造型概念。以雨花石为原型，结合了不同的材质，由不同形状的片组合而成。整个造型具有较强的视觉冲击力，充满了艺术气息。每个角度的视觉效果各不相同，使之独具魅力。

《错落》
美丽的享受

在闲暇的午后
一壶淡酒，一杯清茶；
品味生活的美好，却错过了时间。
一切源于美丽，一切归于忧伤，无法派遣的

寂寞，皆因你我，彼此错落...
你试过用动物的依恋作解释么？
它会温柔地趴在我的脚边，
它会钻进我的被子里打鼾，它会用摇摆的尾巴

对我说"我需要你"，

你把回忆中最凝固的瞬间变成一种淡淡的永远
我会抓住每一分零落在错落中的美丽。
错落而有致，理性且硬朗
我们一个人，都会好好过。

SHELF DESIGN

置物架设计

[SHELF DESIGN]

学　　生：杨燕琼

指导教师：谭　宁

此款错落型的置物架设计有别于市面上的同类产品，齿轮状的结构使产品可以随意拆装和组合，使得该设计在细节上体现了产品的品质。同时，消费者也可以根据自己的使用情况购买所需要的构件，组装成个人需要的高度；也可以根据六个卡口来调整自己需要的角度：完全吻合则空间大，错落则空间小。交叉分布，错落有致，以块面的表现形式强化整体的错落之美。

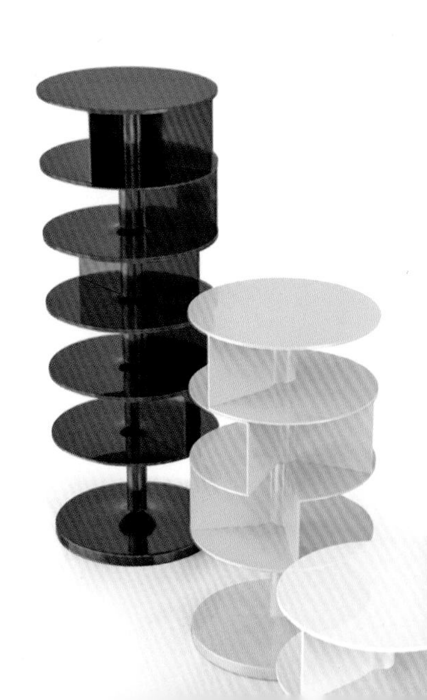

HEART KEY

Home Electronics answering machine

家庭版电子留言机

Send love

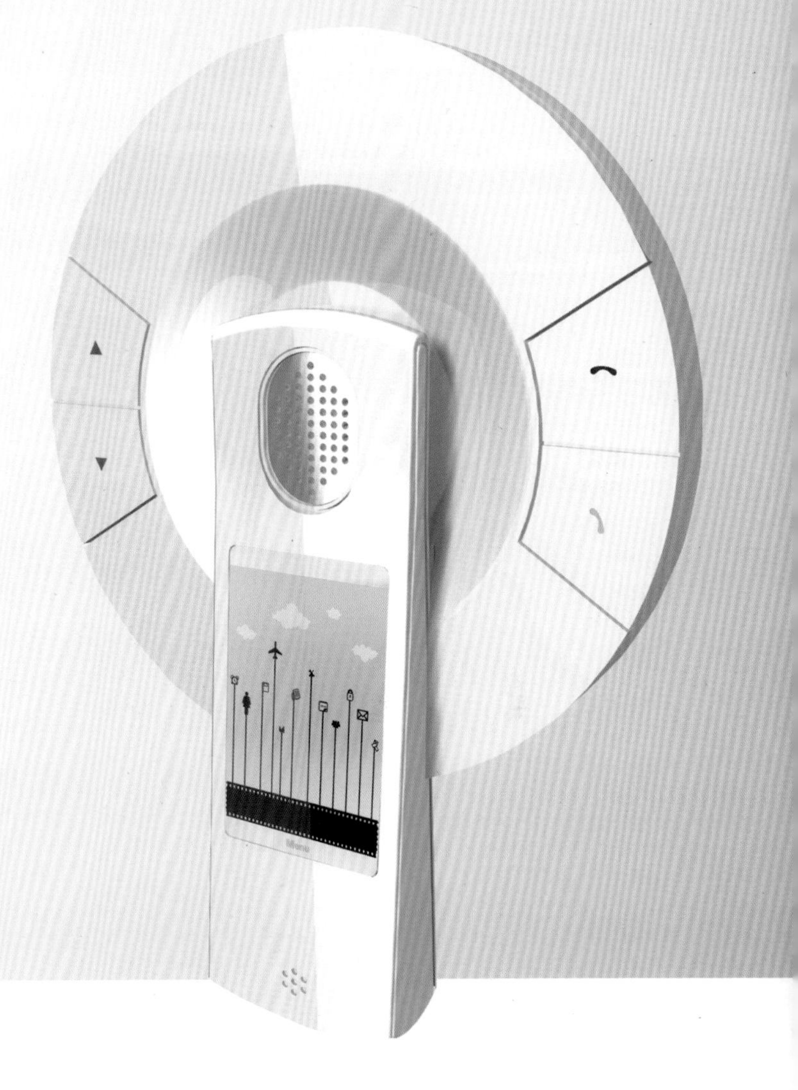

界面

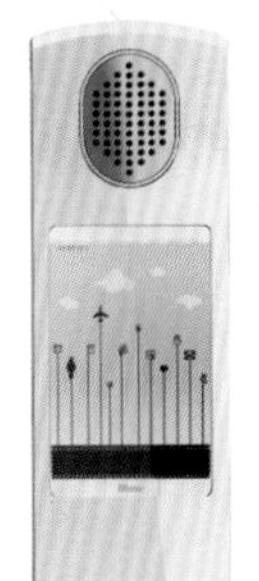
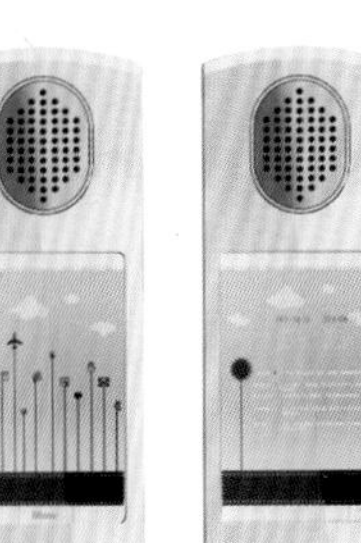

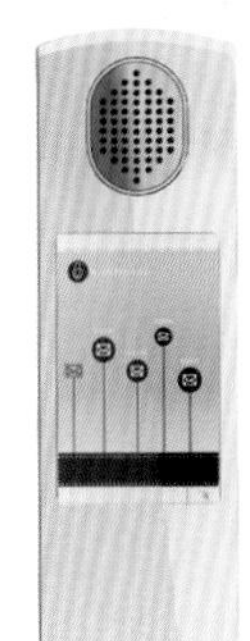
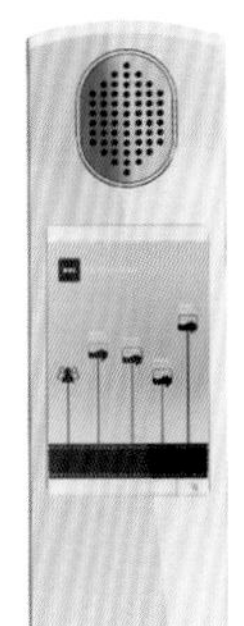

使用状态

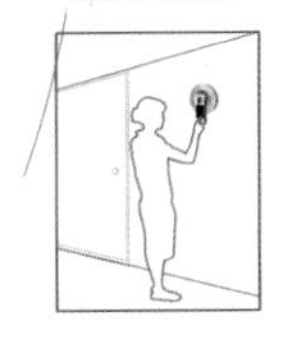
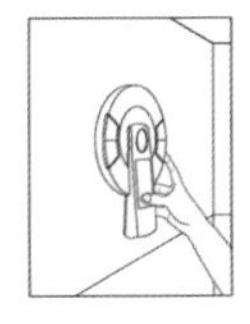
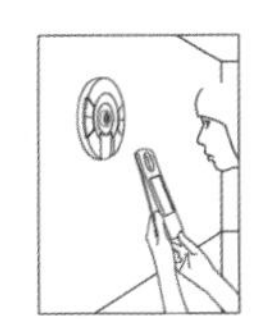
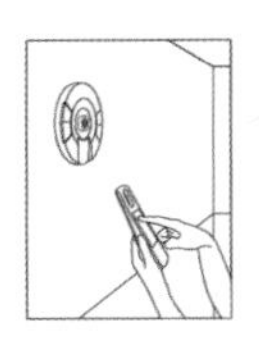

[HEART KEY]

学　生：杨　情
指导教师：　郑林欣

Heart Key 是一款家庭版电子留言机，在造型上与传统留言机有较大差异，在功能上增加了语音和手写两个附加功能，在色彩搭配上用了白色和粉色等纯色系，营造亲切温馨的家庭气氛，在界面设计上也运用了新的元素。

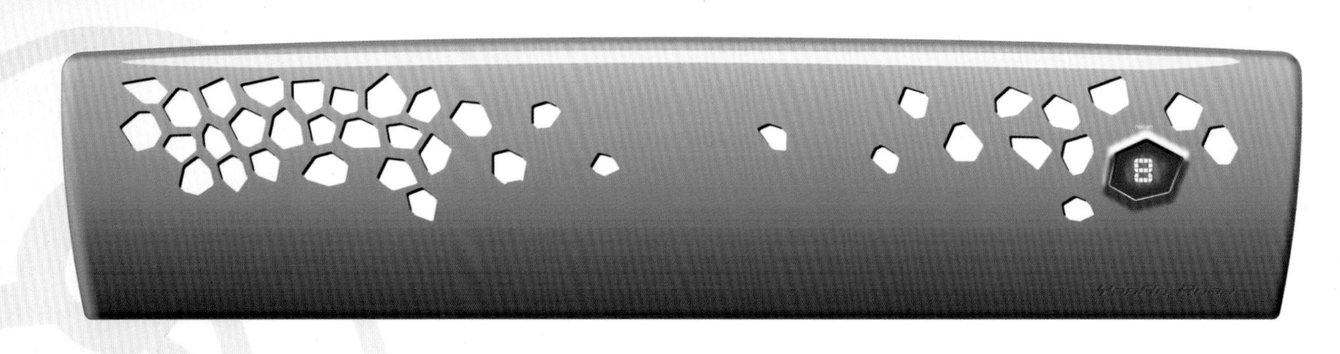

2-D SHOW FISH DESIGN FISH156@163.COM

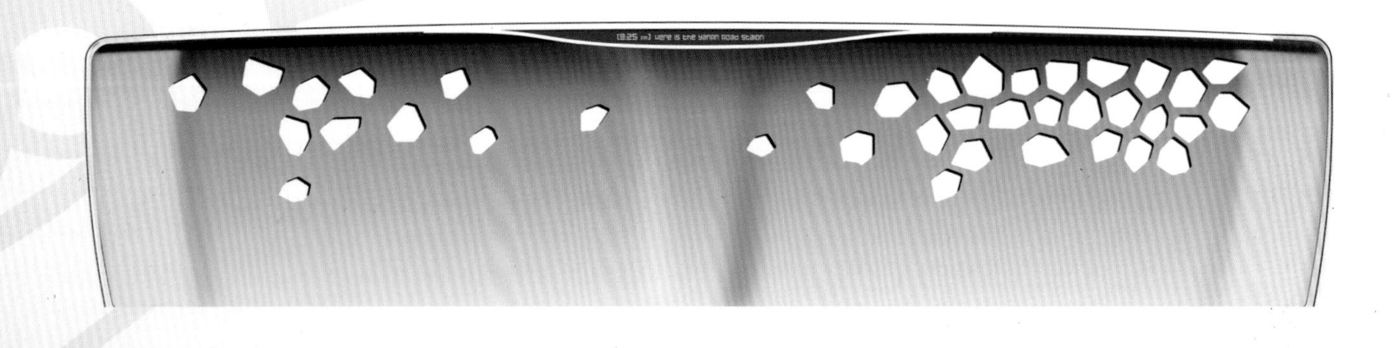

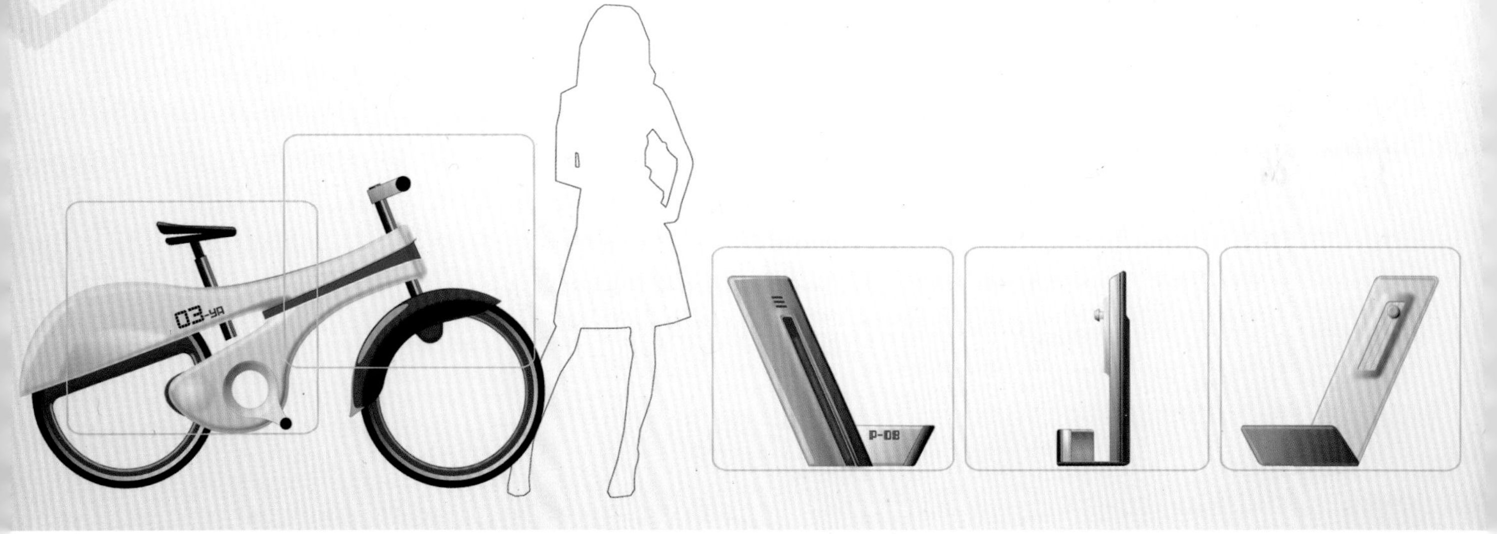

[梧桐树下 自行车租赁系统]

学　　生：俞恒翀

指导教师：潘小栋

自行车租赁系统，作为新兴的出行方式，越来越受到人们的关注，各大城市纷纷开始建设租赁网络，以缓解日益繁重的交通压力。自行车这种古老的交通工具必将在历史舞台上再次写下重要的一笔。“梧桐树下”便是在原有租赁系统上的飞跃，兼顾功能，人性化的设计中包含了人文和时尚元素，使之成为城市的一道亮丽的风景线。

BRIGHTNESS

BRIGHTNESS

学　　生：汪丹蓉
指导教师：潘小栋

该系列照明产品是以人的行为习惯为设计灵感，以日常生活用品为造型基础而设计的。以电子秤为造型的灯，根据人们睡前阅读的习惯，通过随手放书、拿书而控制其开关。这台秤称的不是重量，而是人们的阅读时间，因为阅读的时间便是灯亮的时间，当你重新开始阅读一本书的时候便可通过时钟屏幕进行设置，它会告诉你已经阅读了多久时间。

Shooting 打海怪游戏

学　　生：郑　憨
指导教师：郑林欣

此款水池玩具由两个小海怪和一把水枪组成。游戏的方式是拿水枪射小海怪，被射中的小海怪会发出声音。小海怪的发声原理为一个震动感应器，当水射到小海怪身上，小海怪的身体表面受到了震动，发声装置就会连带反应发出声音。玩具的造型整体采用了仿生造型，更贴近大自然。玩具的颜色以鲜艳的亮色为主，符合儿童的需求。水枪的吸水原理与吸墨钢笔的原理相同，增加了取水和射水的乐趣。父母和孩子一起玩耍时，通过该款玩具设计，增进了亲子之间的交流。

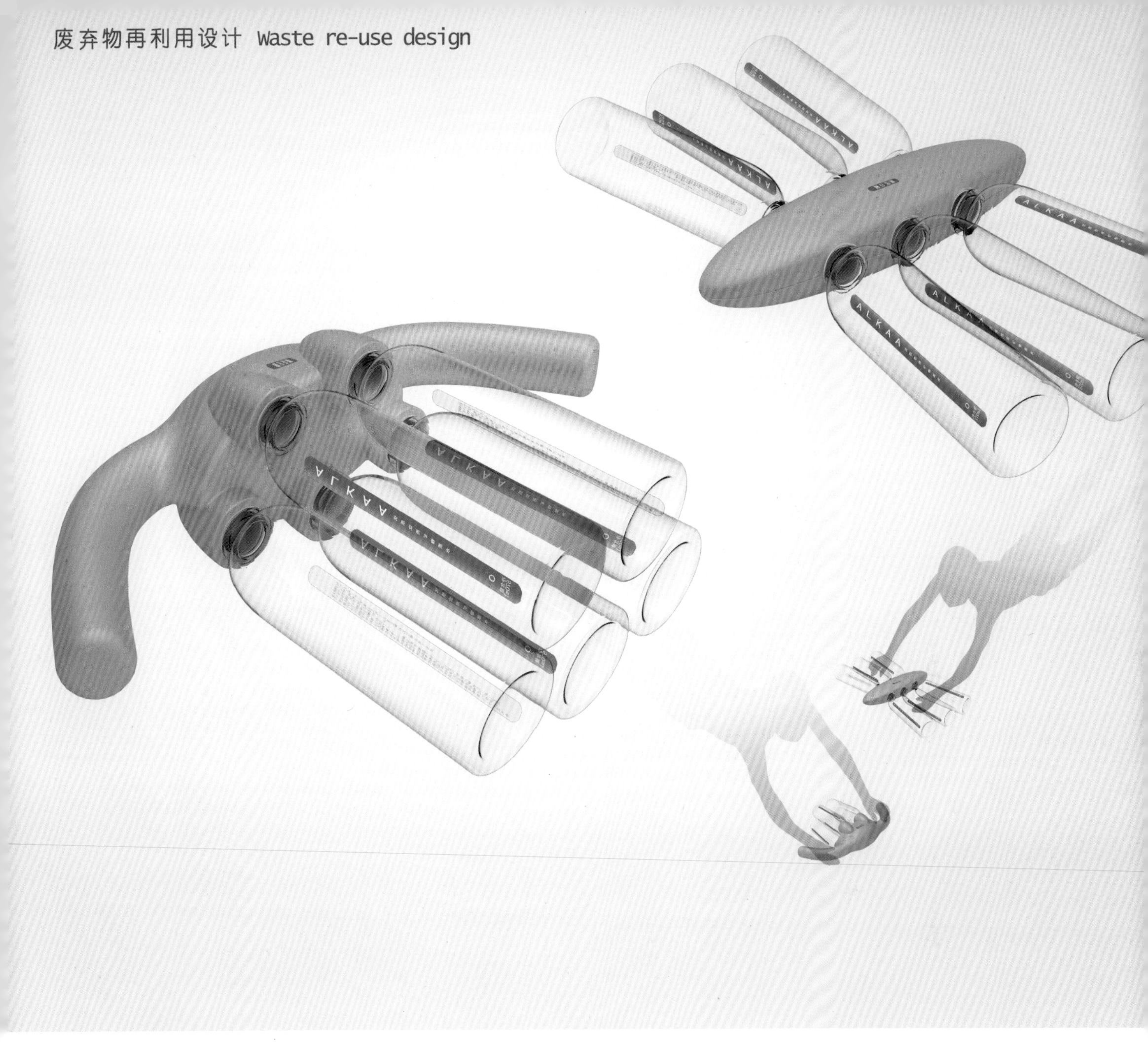

[夏日海滩 废弃矿泉水瓶再利用]

学　　生：王浩波

指导教师：郑林欣

资源紧缺、低碳、废弃物回收再利用是现代工业设计的趋势。该设计是一款儿童在沙滩浅海区学习游泳时使用的辅助浮板，由儿童自主搜集废弃矿泉水瓶结合使用，培养儿童的环保意识和动手能力。造型灵感分别来源于潜水助推器和织布梭子，用 EVA 橡塑材料或 ABS 注塑成型。

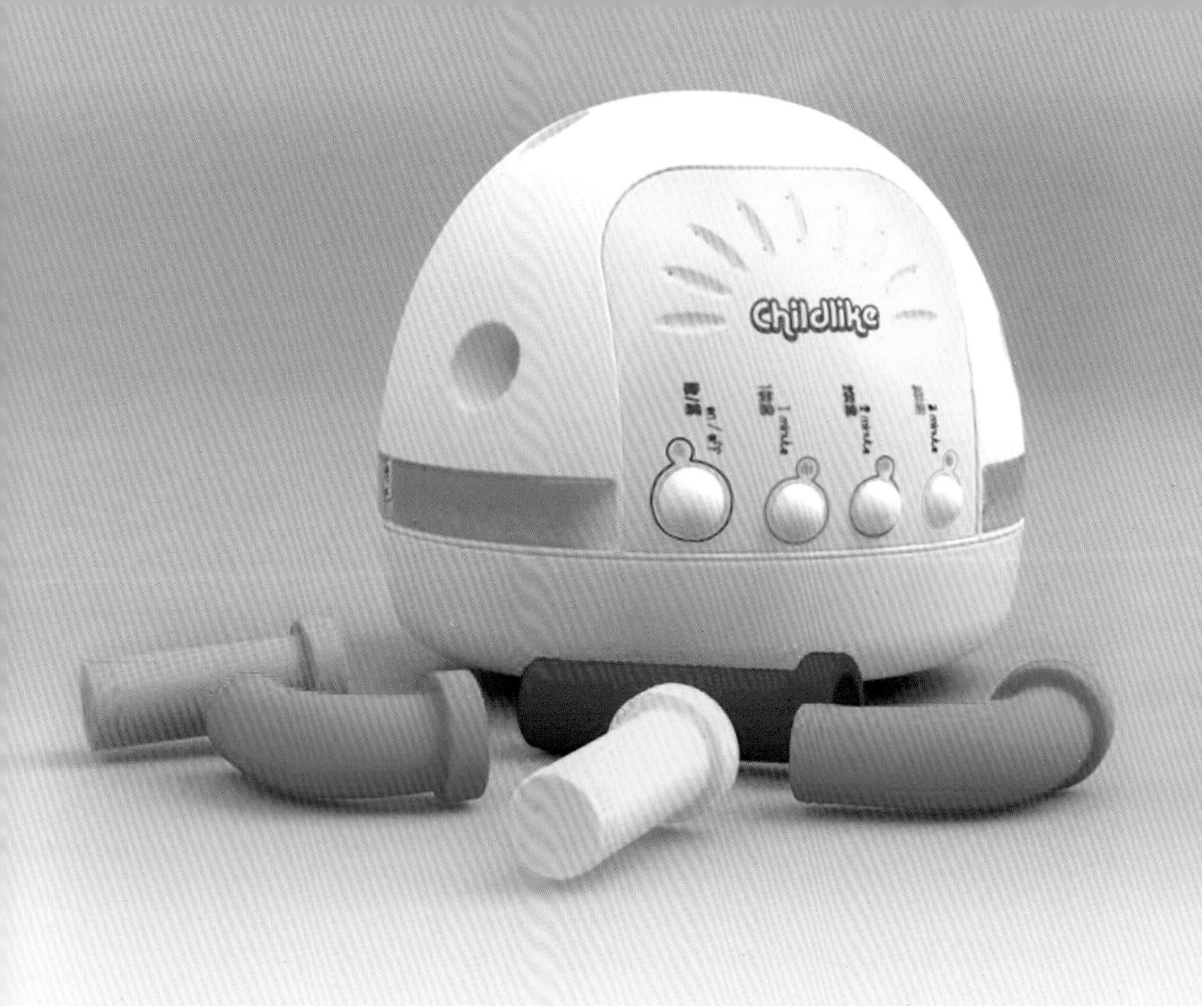

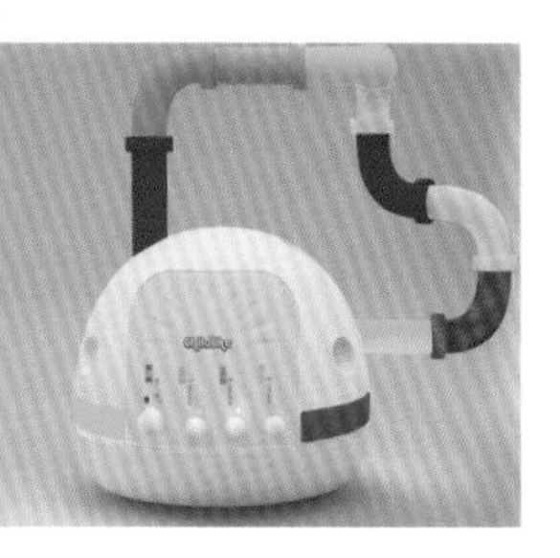

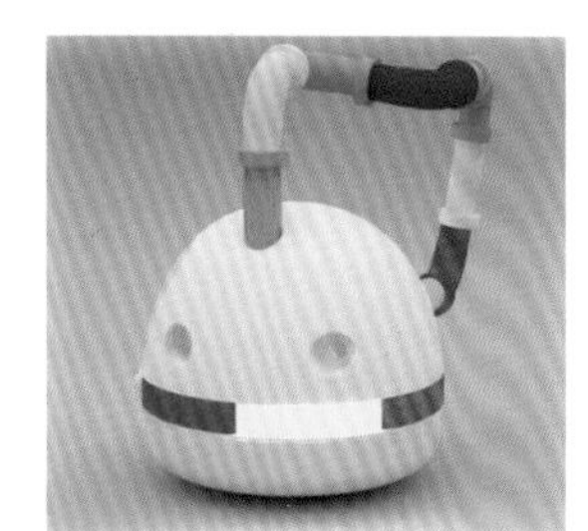

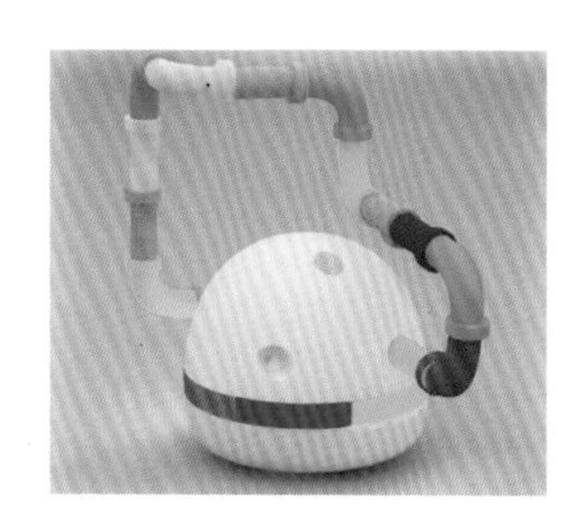

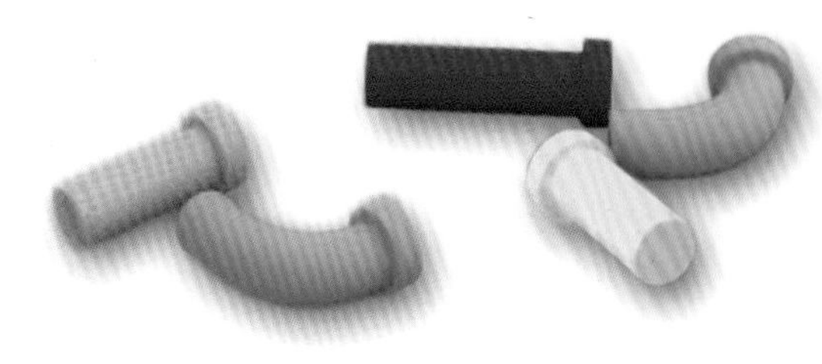

[管·通融汇]

学　生：郑　燕

指导教师：谭　宁

该款玩具积木设计采用水管造型，五颜六色的糖果配色，材质带有磨砂效果，能吸引孩子的眼球。积木接口内有导电金属螺纹，当水管接上形成电路，水管内的 LED 灯会被点亮，发出彩色的光。水管积木能锻炼孩子的动手能力，培养孩子节约用水的意识，适合三岁以上的儿童，让孩子做个小小的水管抢修工。

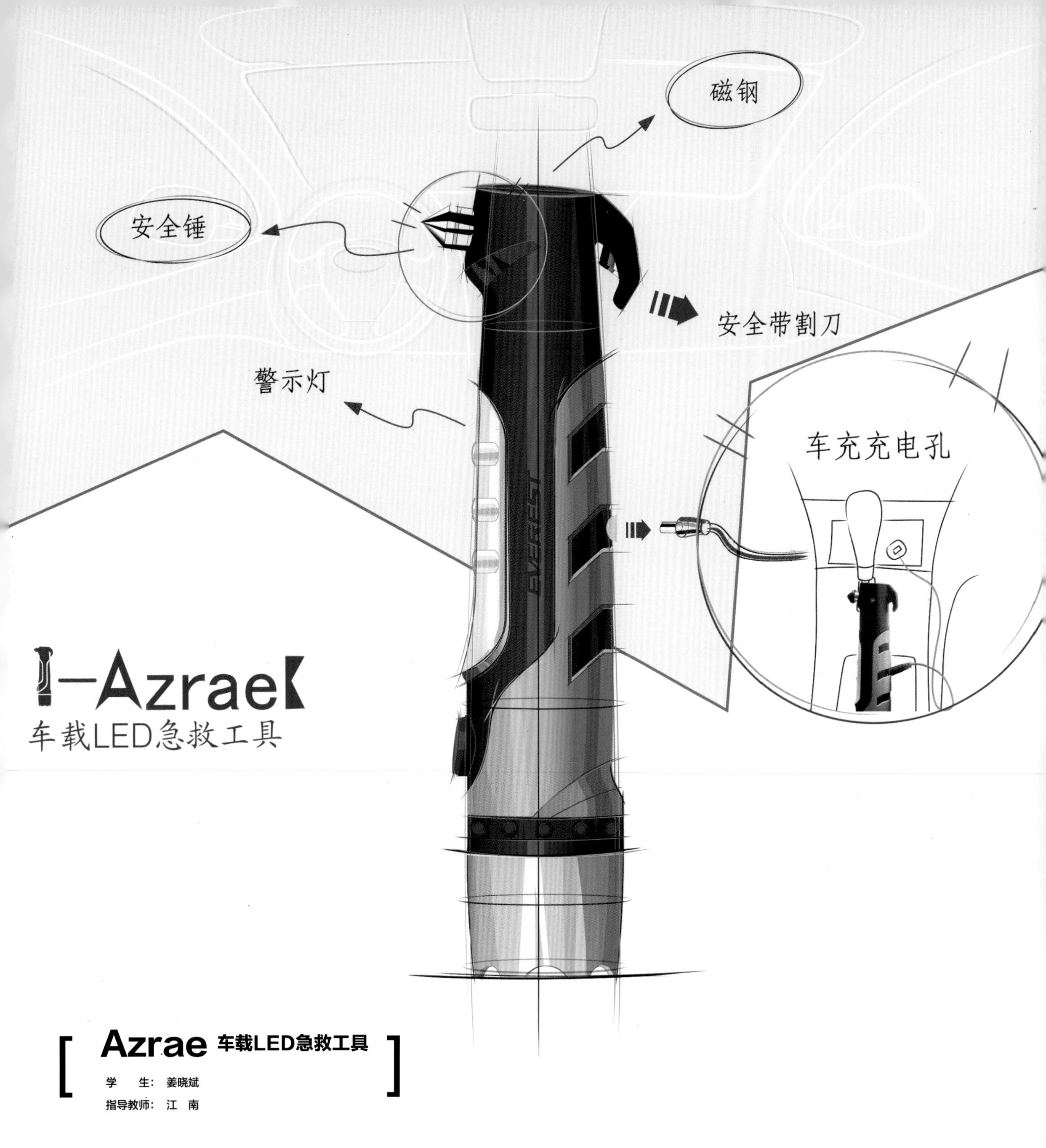

[Azrae 车载LED急救工具]

学　　生：姜晓斌

指导教师：江　南

设计动机来源于中国2008年的一场公交车祸：车内发生火灾后，由于没有安全锤，车上无一人逃亡，全体遇难。由此可见车载安全工具的重要性。Azrael车载LED急救工具，是专为轿车设计的急救工具，设计考虑到轿车可能出现的各种情况，给予解决办法。

成长的记忆

学　生：陈　渊

指导教师：张　晖

本设计为儿童家具设计。针对孩子在成长过程中不同阶段的需求，设计了此款床椅。它具有两种使用状态：扶手椅的状态以及拉伸后的婴儿床状态，并在床椅中整合了木琴和白板玩具，凭借一款家具设计，满足了多种功能需求。

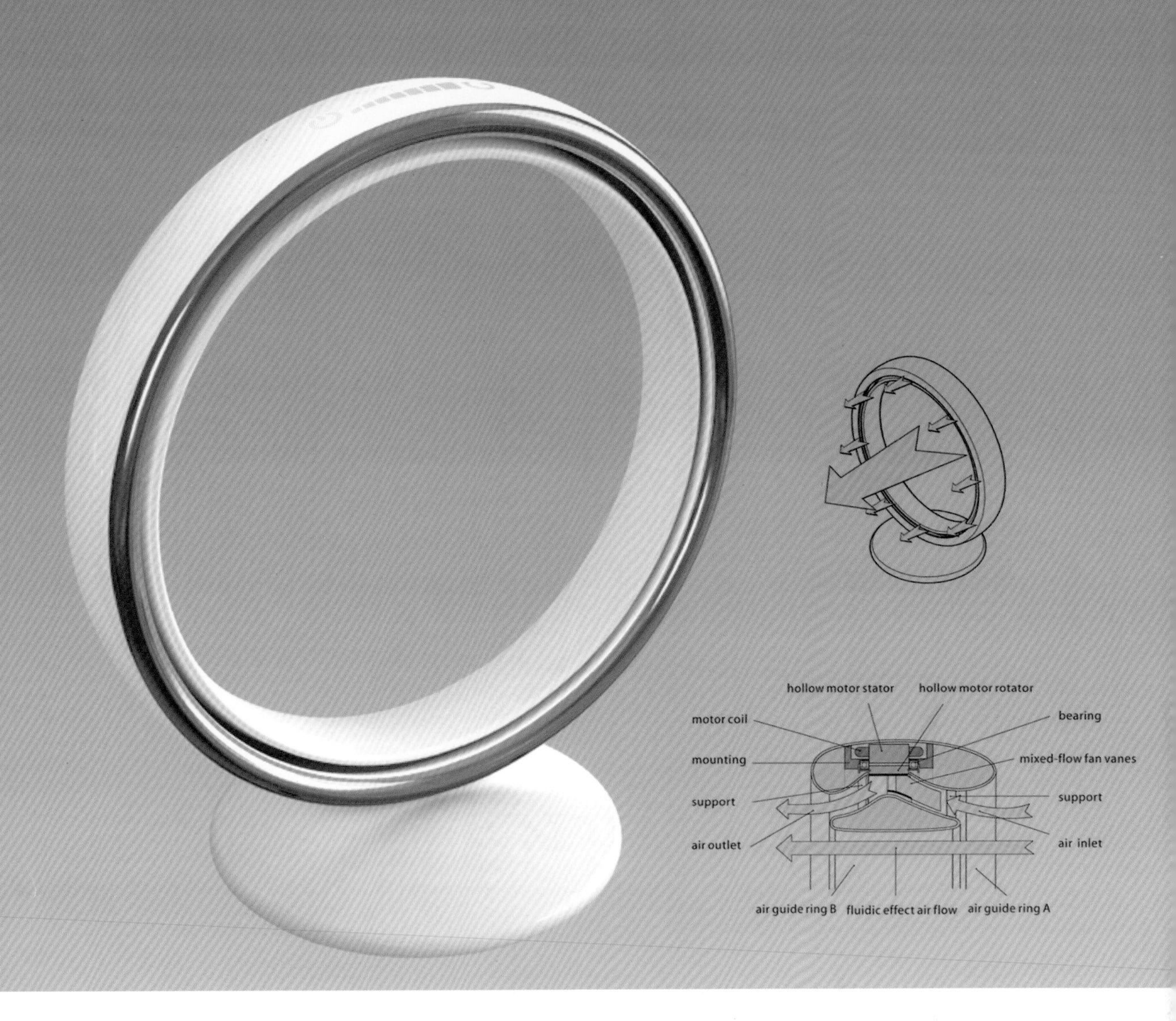

风圈

学　　生：陈姿孜
指导教师：卢艺舟

2009IF国际工业设计大赛概念奖

“Wind Circle（风圈）”颠覆了传统的电风扇概念，是一款以射流原理设计的风力驱动器。由空心电机驱动的混流离心风扇带动空气以圆筒状从圆环内向前吹出，可以更大范围地使室内空气流动。“风圈”可以围绕底座中心作左右摆动，以便将风吹向较为宽阔的区域。“风圈”简洁明快的中空造型可以使风扇很好地融入不同风格的室内环境中。

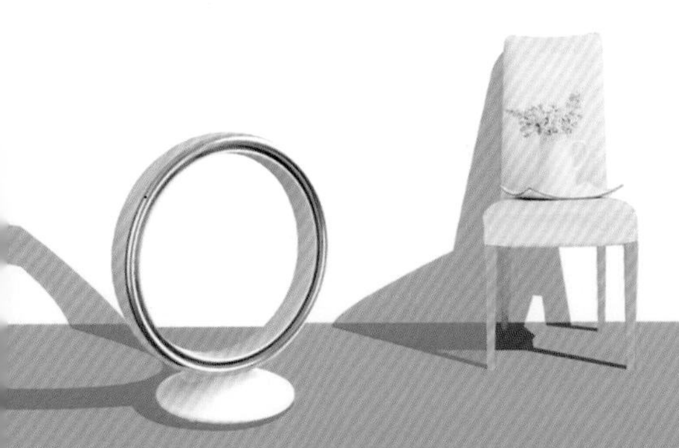

[**花之香** 芳香型卧室MP3小音箱]

学　生：周 敏

三诺杯工业设计大赛一等奖

此款 MP3 小音响是一款卧室中使用的 USB 型条式 MP3 芳香型小音箱。它出色的电脑智能模块可根据音乐的节奏从 5 个香味口散发出不同类型的淡淡香味，让您在优美的音乐与花香中彻底放松心情，缓解工作压力。

[Lunch Time]

学　生：李云飞　王建锋　谢　玲
指导教师：朱吟啸

浙江省大学生工业设计竞赛一等奖

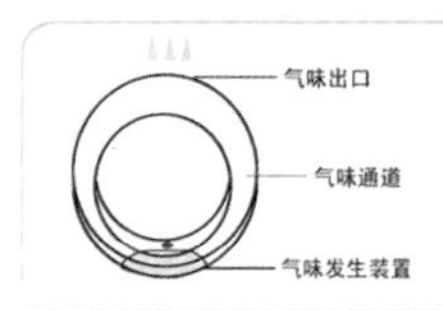

1. 背部使用状态显示色环
2. 光感菜单主操作按钮
3. 气味出气孔
4. 气味发生装置示意图
5. 触屏式时钟显示面板

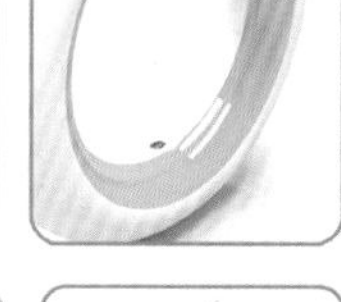

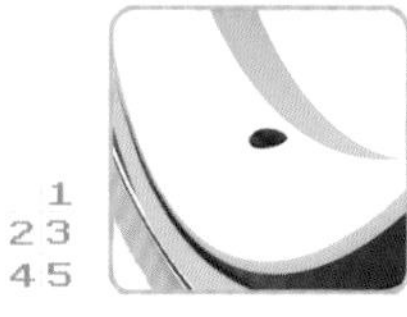

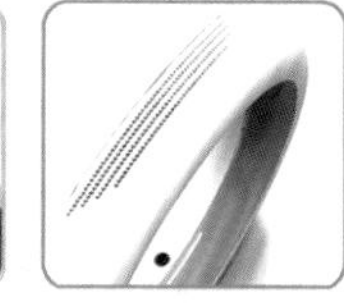

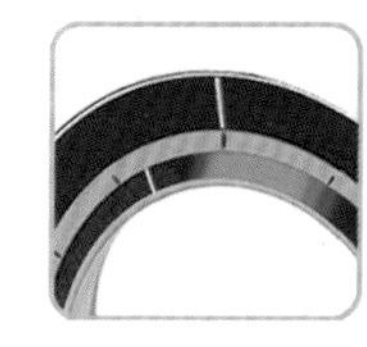

1
23
45

职业白领日常工作忙碌，饮食不规律，常容易患上胃病，针对这一现象所设计的这款数字气味时间提醒装置，通过散发气味较为人性化的提醒他人进行就餐行为。

这款设计通过数字化芯片控制气味发生装置，在固定就餐时间段散发出食物香味，激发人的食欲，产生饮食冲动，从而帮助这类人群培养好的饮食规律。外观为数字化时间面板造型，结构采用不倒翁构造，便于白领工作者作为时钟摆放装饰，融入日常的工作生活。

横跨天下

学　　生：戴志青
指导教师：潘小栋

创意杭州工业设计大赛雅鼎杯金奖

此水龙头设计，结构形似彩虹，横跨于面盆上方，并且与面盆形成一定的角度，出水口安置在拱形下方，把手则与龙头分离，安装在面盆的右上方，增加了龙头使用的趣味性和视觉效果，为使用者提供一种新的选择。

CORK-SWITCH

环保软木开关

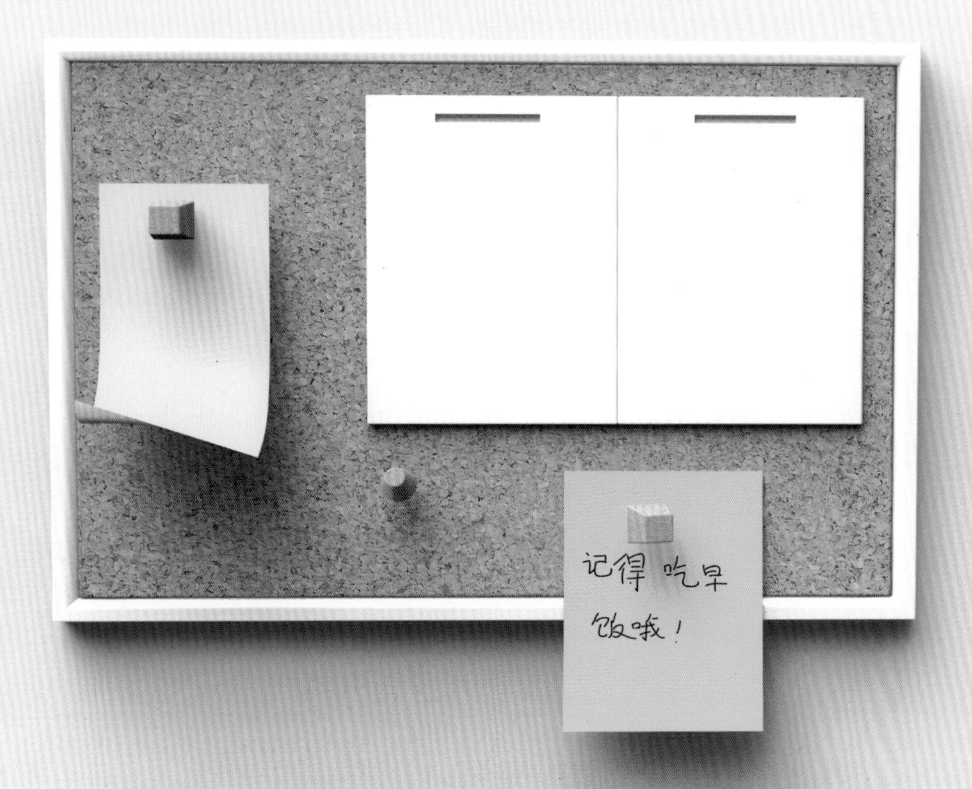

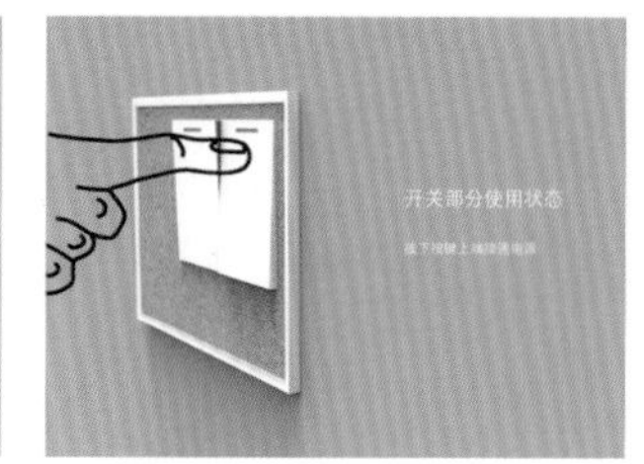

[Cork - Switch]

学　生：朱 焘
指导教师：卢艺舟

创意杭州工业设计大赛鸿雁杯金奖

我们常常会在出门时落下东西或者忘记待办之事，如果在门前能有提醒则不至于此。一般家庭门侧的开关总是位于明显的位置，此处的提醒不易被忽视。Cork-Switch 整合了开关和软木留言板，能够在出门前送上及时的提醒和温馨的祝福。

适手百变

学　生：陈　意
指导教师：张　晖

创意杭州工业设计大赛分水杯特别奖

适手百变的笔身使用的是可塑性材料，材料可以随压力变形，以适合不同使用者的手指，以及满足各种不同的握笔姿势。

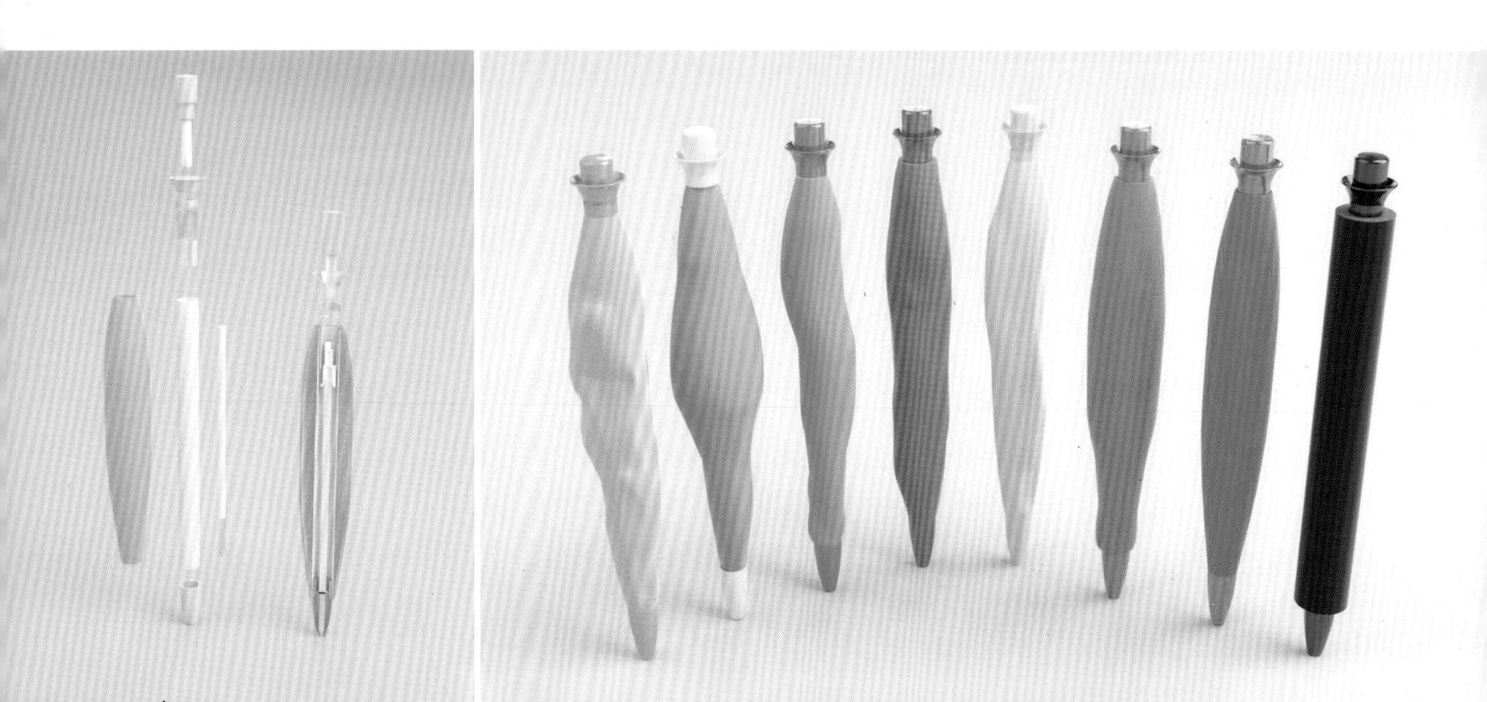

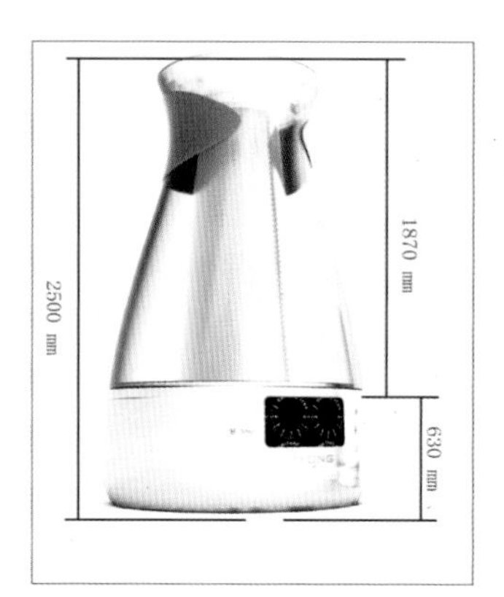

[九阳豆浆机设计]

学　　生：蔡高跃
指导教师：蒋佳茜

创意杭州工业设计大赛健康九阳杯分赛场银奖

Bingo 九阳豆浆机造型流畅的曲线设计，专为单身或二人生活设计。颠覆传统造型，去除把柄，采用耐高温树脂材料，使用更加舒适方便；隐藏式出水口，使得产品形体更加统一；流线型造型经典耐看，运用金属、树脂、塑料等材质，色彩及触感具有现代感。支持定时功能，更具人性化设计。

竹烟波月

学　　生：沈琳琳
指导教师：潘小栋

创意杭州工业设计大赛雅鼎杯银奖

竹烟波月水龙头，以竹为造型原点，主干水管以竹节为造型，出水处以竹片为造型，龙头开关采用类似竹叶的造型，拨动竹叶龙头连动球头开关，不同幅度地拨动竹叶可控制水流大小。整体设计造型新颖，具有中国韵味，清雅别致，使用方式独特。

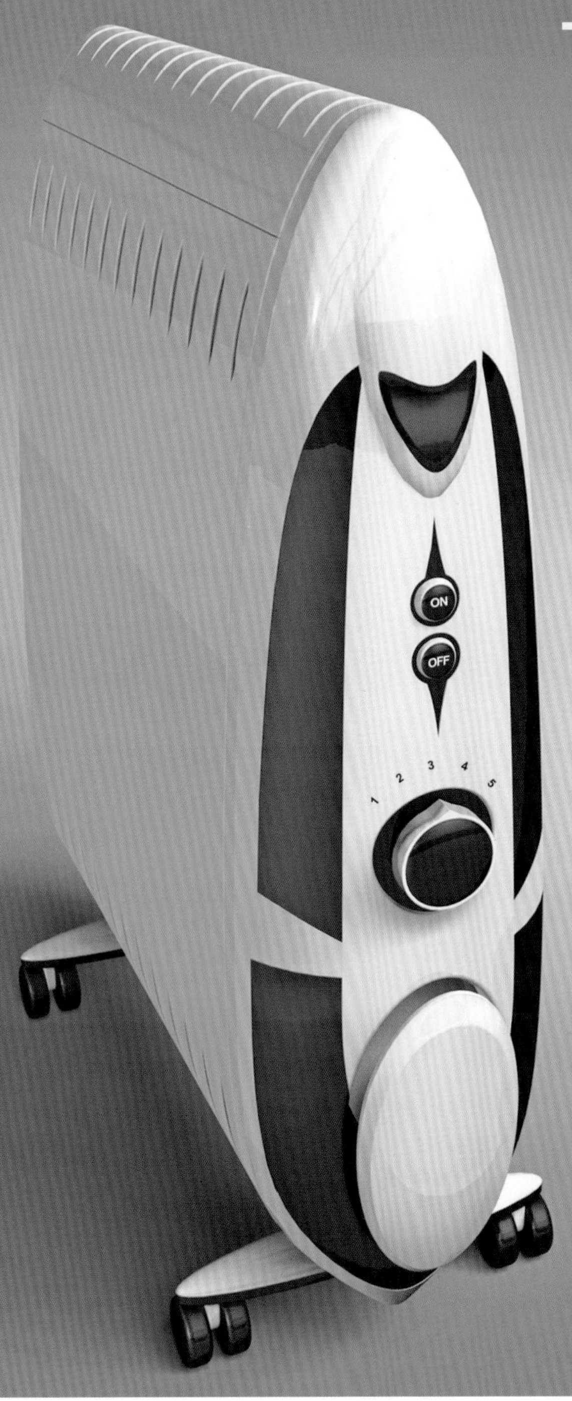

[Opera Mask 油汀取暖器]

学　　生：韦增觊
指导教师：郑林欣

西摩杯小家电创意设计大赛银奖

此款油汀取暖器的视觉设计灵感源自于中国京剧脸谱，因此取暖器面部采用脸谱的块面与色彩分割，使得取暖器的造型具有中国之风。

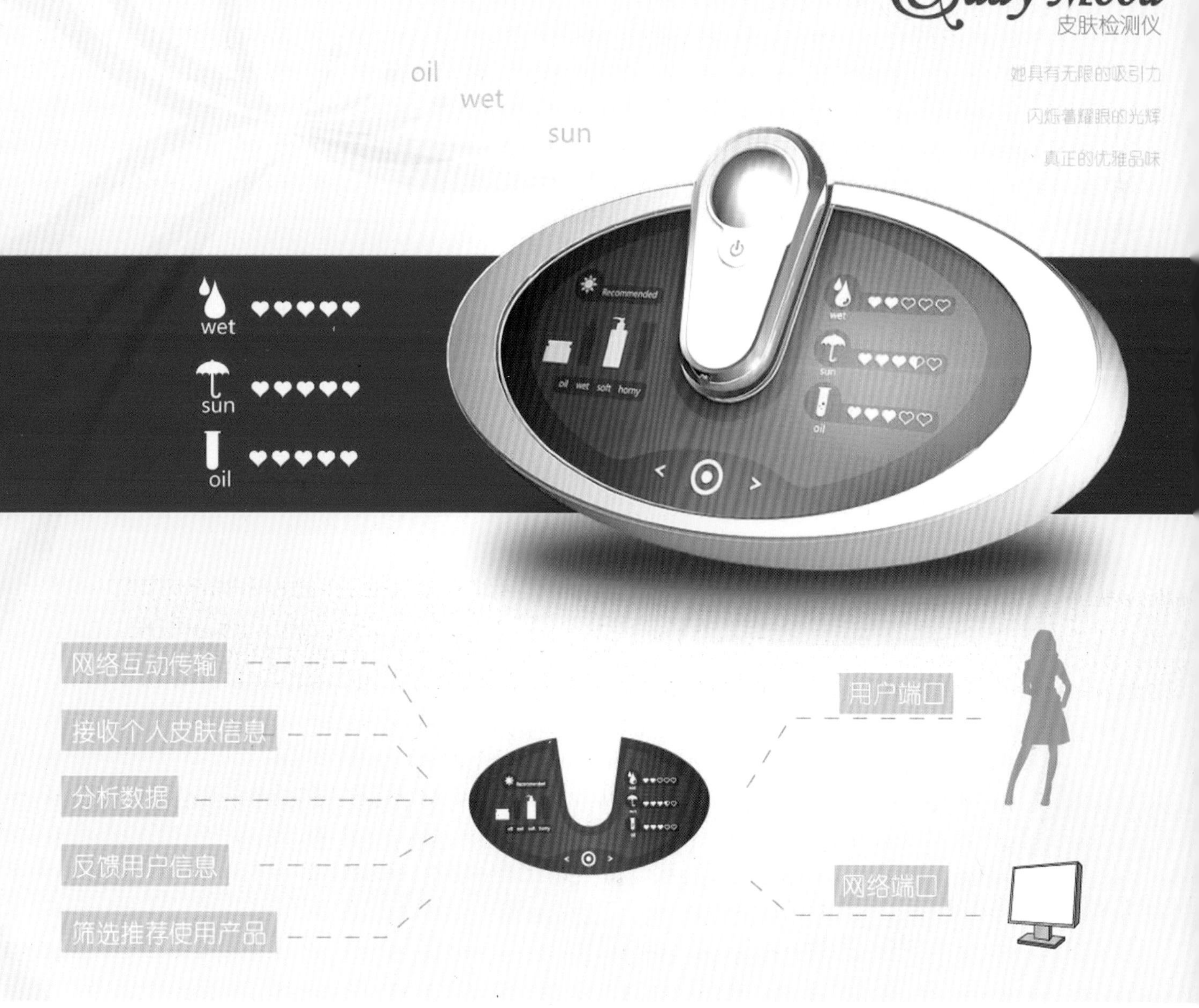

wet 水分 水分含量  sun 晒伤 紫外线晒伤程度  oil 油脂 皮肤中的油脂含量  stars 星级 对皮肤评估标准  commend 推荐 每日推荐 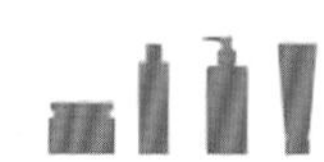

[Lady Mood 皮肤检测仪]

学　　生：金雅男

指导教师：华梅立　朱吟啸

浙江省大学生工业设计竞赛二等奖

Lady Mood 是一款专为女性设计的皮肤检测仪，针对每天不同状况的皮肤，通过检测进行皮肤水分、油脂、晒伤程度等的分析。同时，根据对检测仪输入的护肤品资料进行推荐，让女性更加清楚地了解自己的皮肤，并使用适合自己的护肤品。该设计从女性自身保养皮肤角度出发，着眼点新颖而实际，通过交互界面详细而充分的表达，一部吸引女性眼球的皮肤检测仪已跃然纸间。

Room

随时随地同步

畅享丰富体验

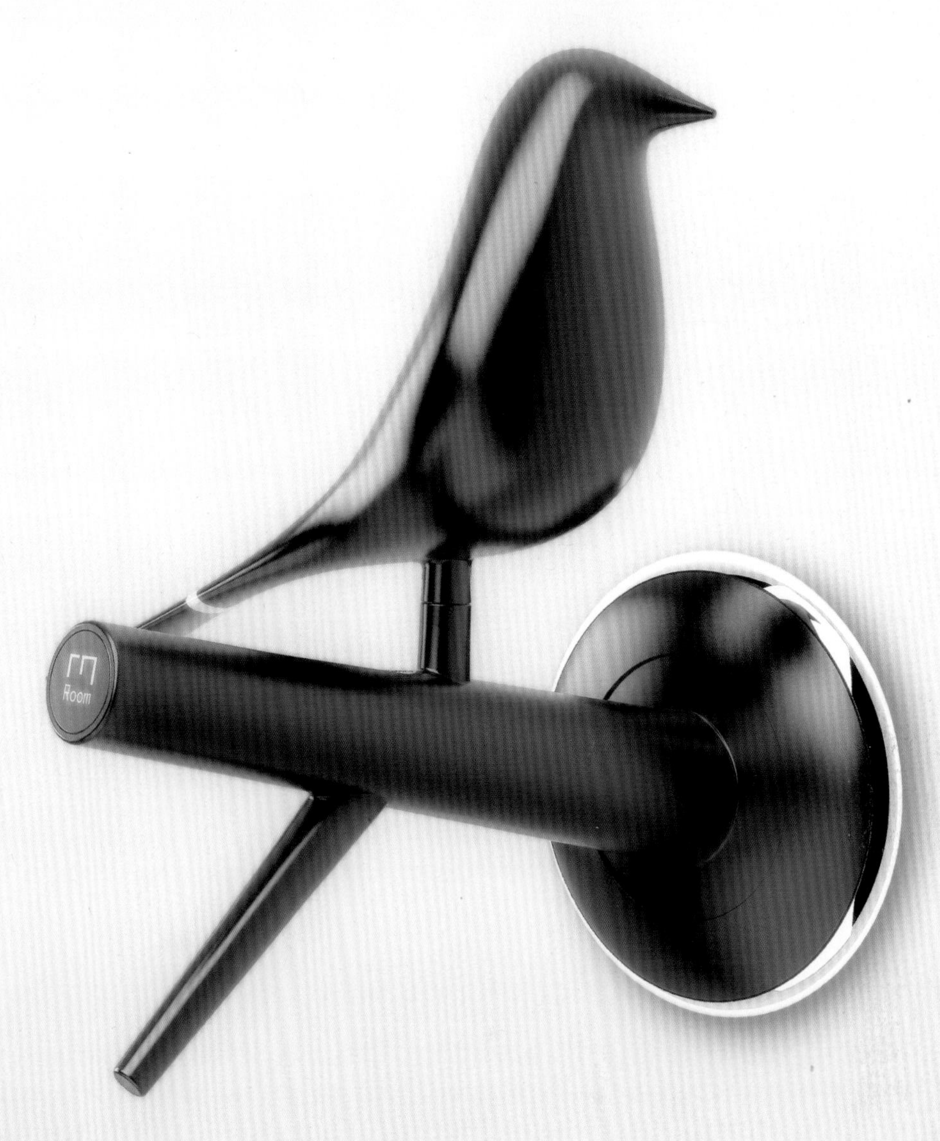

Room 室内无线通信设备

学　　生：陈添铭

指导教师：裘　航

创意杭州工业设计大赛铜奖

室内无线通信设备 Room 正在快速地向消费电子产品的市场渗透。从智能手机、MP3 播放器、数码相机到 DVR、高清电视等一切产品都迫不及待地赶上无线连接的潮流快车，未来还将有更多的产品加入其中。想象一下当你打开笔记本电脑，可以毫不费力地无线连接到你的相机 、打印机、高清电视、MP3 播放器 —— 甚至一个远程遥控的机器人。新创意、新能力和新连接，Room 为你的无线数字化未来作好了准备。

[Frog 气囊式运动护目镜]

学 生：周 敏

标诚杯眼镜设计竞赛 三等奖

舒适的眼部触感是此设计的最大优点。Frog 的气囊还提供了很高的安全保障，大大降低了使用者在运动中发生的意外撞击所带来的危险。

活动结构

夹取结构

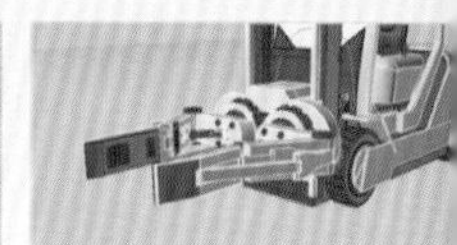

[Free Arm 叉车]

学　　生：张　蔚
指导教师：李久来

Free Arm 自由手臂叉车结合现有叉车的功能，既能和普通叉车一样使用托盘进行工作，又能使用机械手臂进行没有托盘的物件搬运。叉车采用独特的结构方式，实现普通堆垛和夹单个物件，灵活多用。

[开放式比萨烤炉]

学　生：任 洁

指导教师：卢艺舟

开放式比萨烤炉改变了传统烤炉封闭的结构，采用独特的双重加热方式，从烤盘底部和顶部同时加热，使烹饪者在烤制过程中同时享受视觉和嗅觉的双重诱惑，可谓“食色生香”。

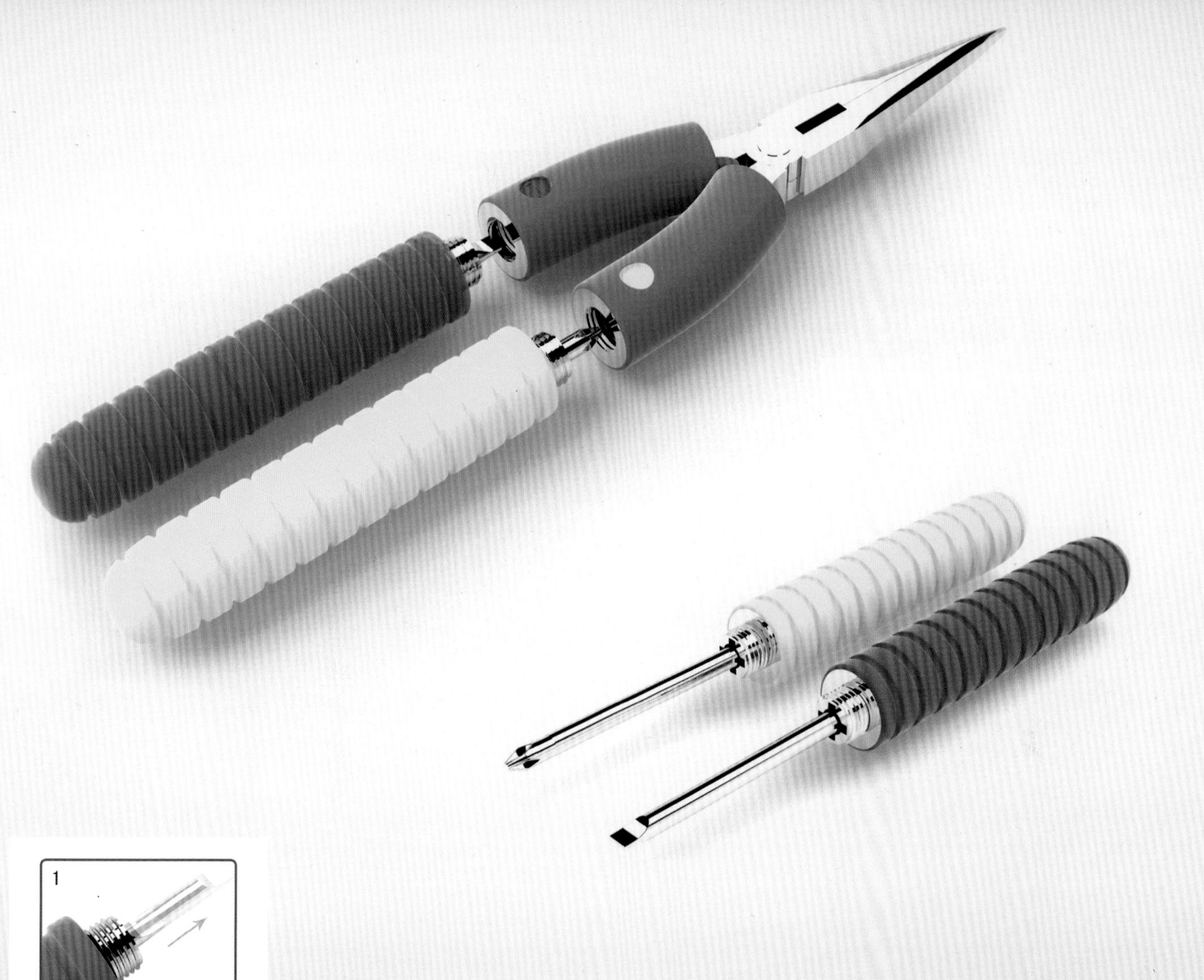

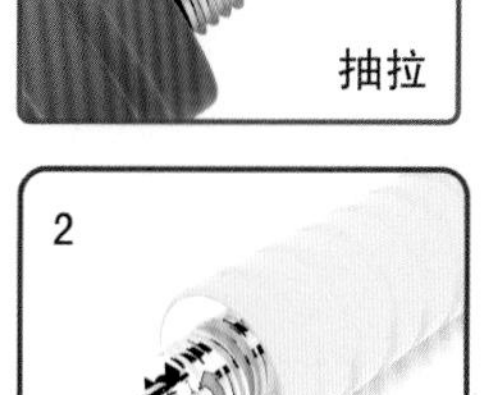

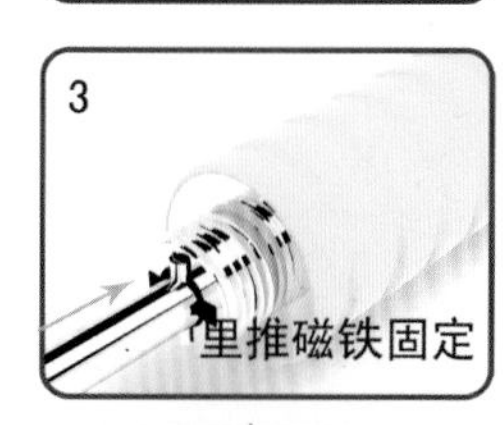

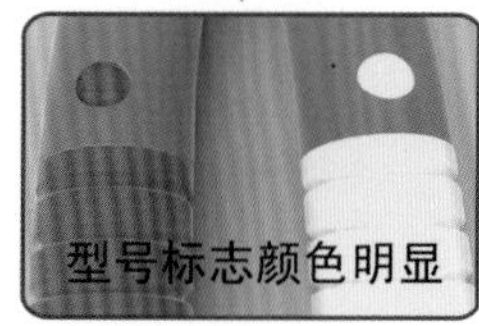

[暗里藏刀]

学　　生：刘增斌

指导教师：谭　宁

暗里藏刀的设计来源于“暗藏”二字。在日常生活中，人们日常使用的螺丝刀，刀头裸露在外，存有安全隐患，并容易遗失。本设计通过螺旋结构和磁铁固定使得螺丝刀与钳整合在一起，使用更方便、安全，更具人性化。

校友作品
Start
charge

姓名：泮航杰

籍贯：浙江台州

毕业时间： 2004年7月

工作简历： 杭州天下工业产品设计有限公司(2002-2003)

卡西诺隔断五金配件设计

杭州海康税控机设计

MVS车用电动千斤顶设计

杭州瑞德工业产品设计有限公司(2003)

电磁炉设计

北京方正科技集团股份有限公司(2004-2007)

方正家用电脑K200、卓越S100机箱外观设计

方正E-BOOK研发设计

方正笔记本电脑R350外观设计

方佳图形工作站机箱外观设计

方佳家用电脑酷龙K300机箱外观设计

台州市尚原良品工业产品设计有限公司(创办) (2007-现在)

HP鼠键套件外观设计

飞跃家用缝纫机FY-100、EM3000外观设计

飞跃电脑编制横机研发设计

应山家居塑料用品研发设计

宏倍斯家用散热器研发设计

NATURE&QUALITY
尚原良品 Industrial Design

姓名：汪　东

籍贯：浙江奉化

毕业时间：2004年7月

工作简历：2004年毕业以后进入浙江机电职业技术学院任教

2005年进入日威电器有限公司，担任设计总监至今。主要负责开发方向的制定，主持公司的产品设计，参与市场推广工作

设计作品：30余款剃须刀，5款电动自行车，还有一些电吹风，剃绒器等生活小家电

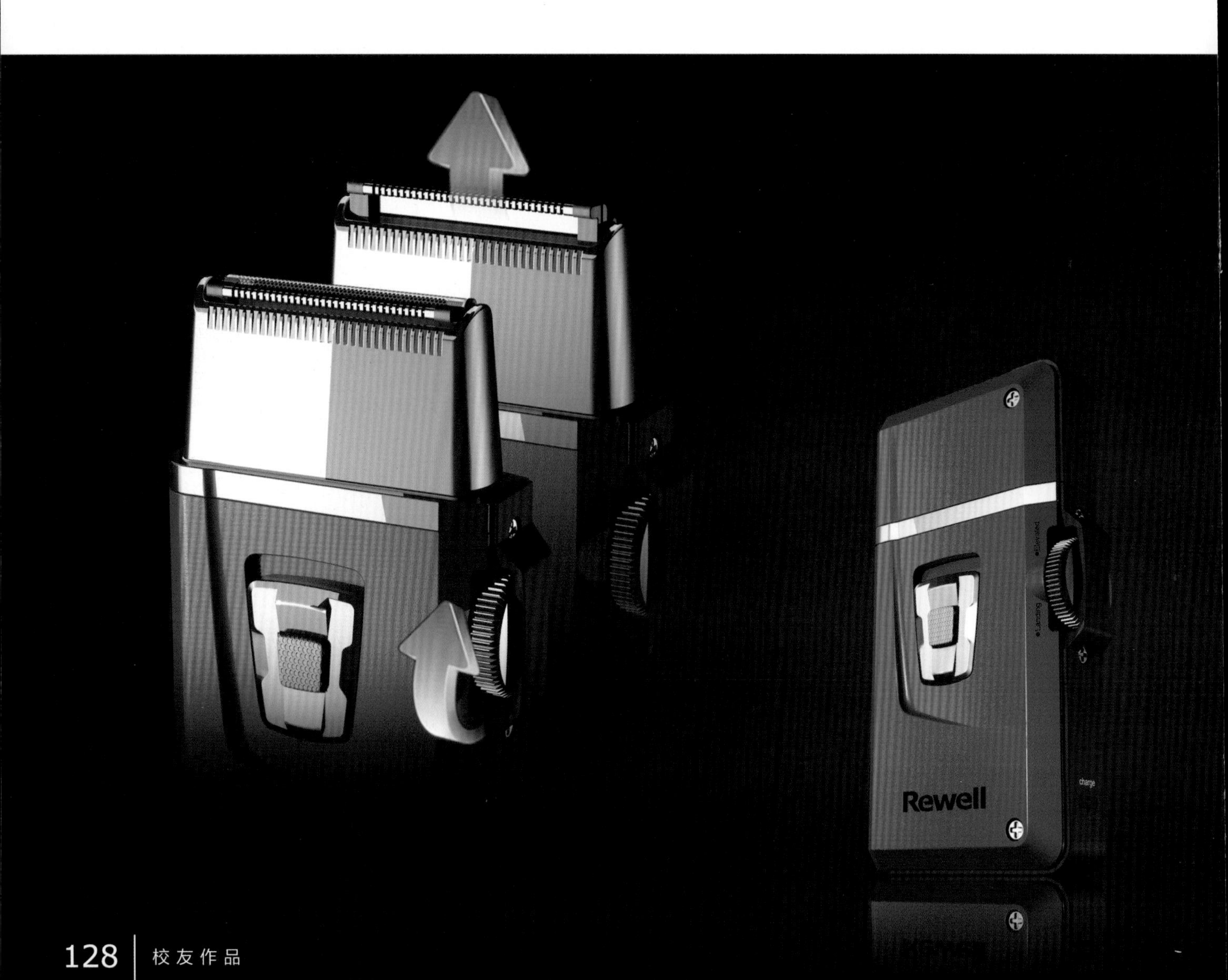

周　敏

籍贯：浙江庆元

毕业时间：2005年7月

工作简历：

2005 进入上海龙旗科技　　任产品设计师

2005 转入龙旗科技产品创意部　　任概念设计师

2006 转入龙旗科技产品规划部　　任部门主管

2007 转入龙旗第二事业部　　任PCBA产品策划经理

2007 转入龙旗国龙信息第三事业部　任整机产品策划经理兼设计主管

主导方向：阿尔卡特，TCL，万利达，联想，金立，至高，GT佳通，迪士尼，齐乐，创维，恒基伟业等品牌项目。其中与TCL合作的V460获得 IF China 2006 大奖。

2008 共同创办上海无距科技有限公司（规模50人），担任产品总监；主导公司产品设计与产品开发工作；主要面对爱国者，中兴通讯等客户。

2010 年获得中兴通讯注资，更名为上海与德通讯技术有限公司，成为中兴通讯智能手机子公司（公司规模200人），担任与德通讯副总经理；主导公司Android智能手机产品规划，设计，开发工作；主导ZTE第二平台的开发工作，面对欧美运营商市场的智能类产品开发。

姓名：潘春明

籍贯：浙江新昌

毕业时间：2005年7月

工作经历：2005年 杭州瑞德设计 任产品设计师

2006年 美国DI设计杭州分公司 任产品设计师

2007年 杭州华银视讯科技 任设计主管

主导方向：家居产品、教育类数码产品等

比赛获奖：2008年“三诺杯”中国工业设计精英赛 铜奖

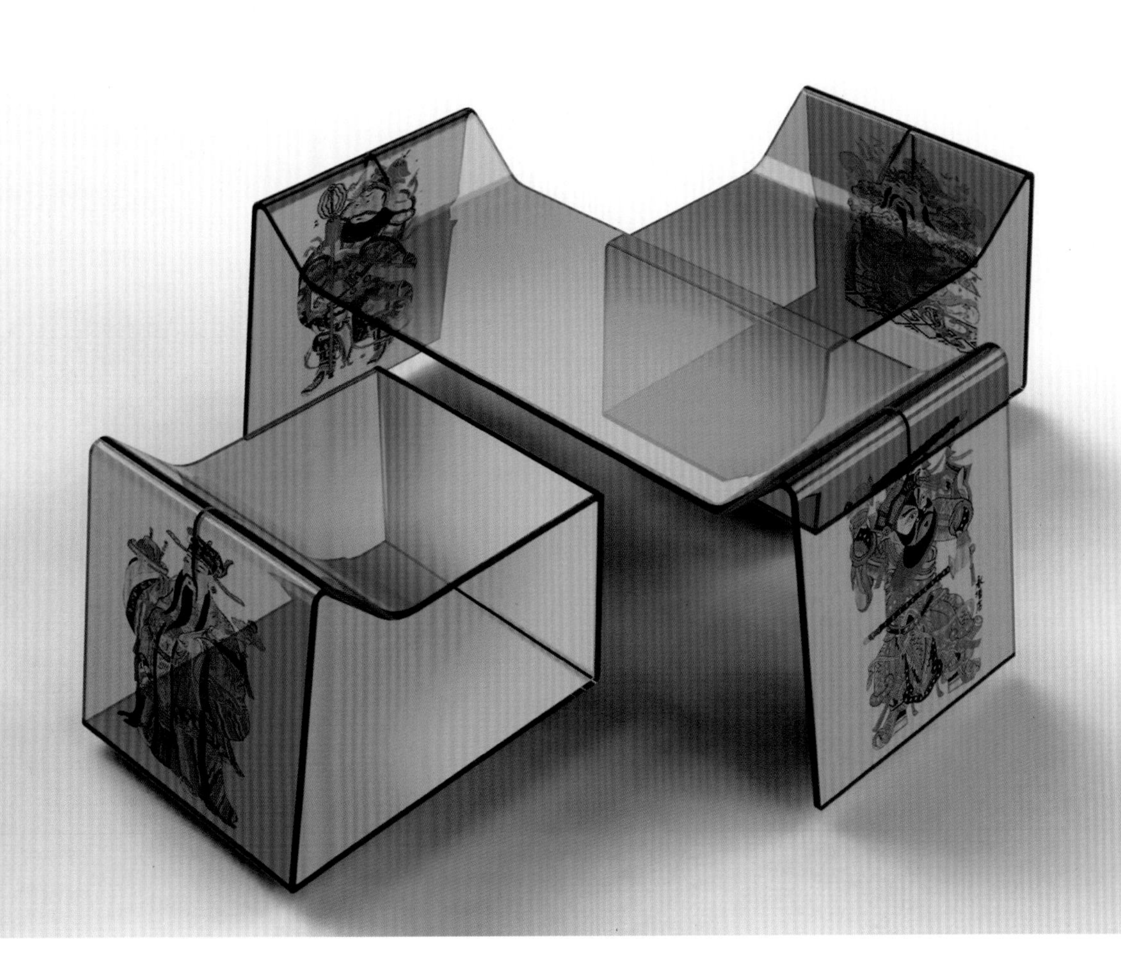

姓名：杨铁铭

毕业时间：2005年

工作简历：2005-2007年在杭州凸凹工业设计公司担任设计师的职务

2007年-至今在杭州汉度工业设计公司担任设计总监职务

姓名：邢慧霞

籍贯：浙江天台

毕业时间：2006年7月

工作职位：2006年进入顾家工艺产品设计部 任产品设计师助理

2007-2009年顾家工艺产品设计部 任产品设计师

2010年顾家工艺产品设计部 任外贸产品设计主管

工作简历：2007年 1027#沙发获东莞、上海展会最畅销产品奖

2008年 1151#沙发获东莞、上海展会最畅销产品奖

2008年 获公司年度最佳设计奖

2009年 1169#沙发获科隆、东莞、上海展会最畅销产品奖

2010年 1277#沙发获科隆、高点、东莞、上海展会最畅销产品奖

2010年 1323#沙发获东莞、上海展会产品设计金奖和最畅销产品奖

此外991#、1035#、1269#、1278#、1295#、1253#、1328#、1353#等十余款式一直是公司的明星产品

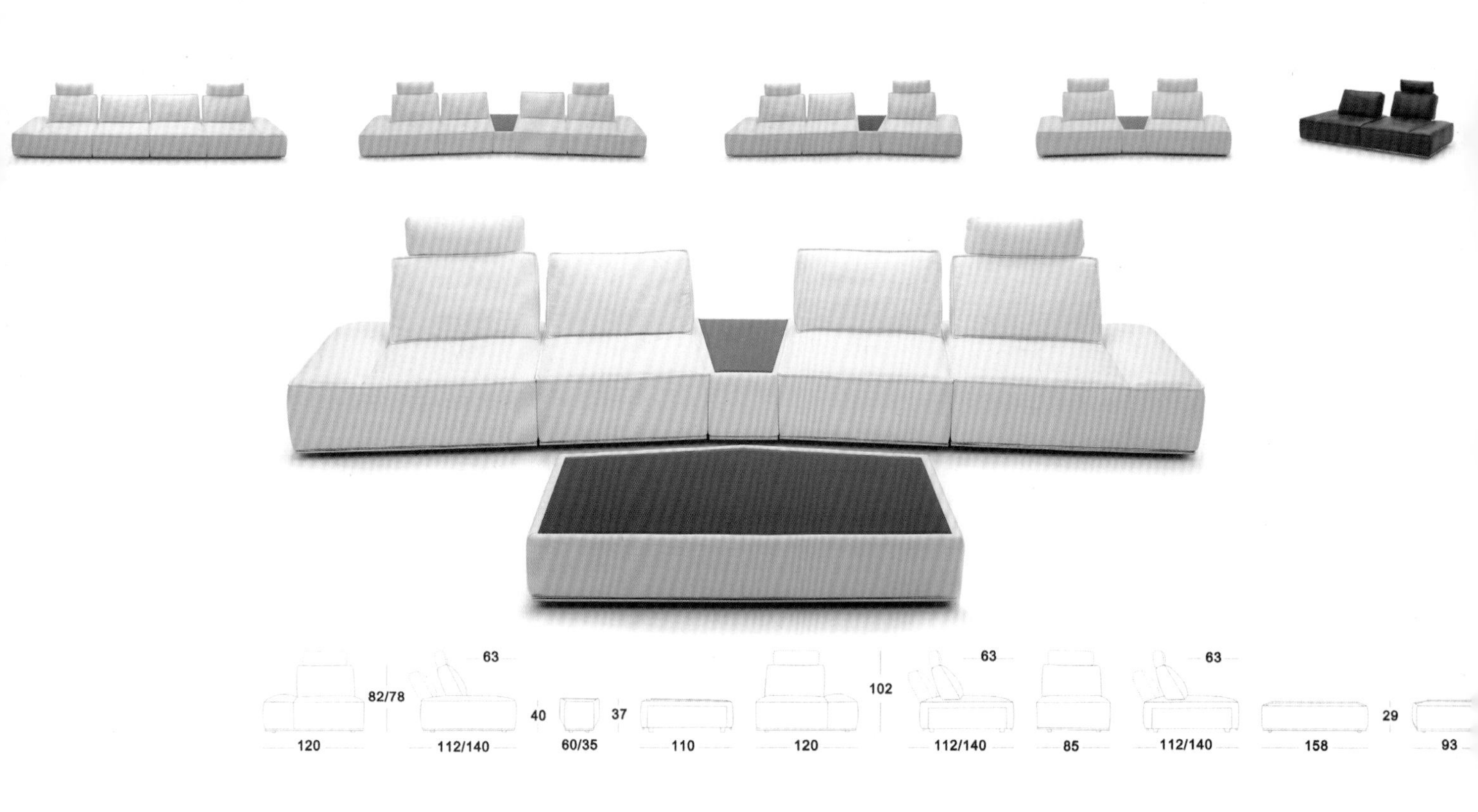

教师作品

卢艺舟

男，1977年3月出生

2000年毕业于浙江大学工业设计专业

2001年德国汉诺威Form Fuer Sorge设计工作室进修

2008年毕业于中国美术学院工业设计专业，获硕士学位

2000至今任教于浙江科技学院艺术设计学院工业设计系，现任工业设计系主任，浙江省工业设计学会常务理事。成功主持过亿力吸尘器、金鱼足浴按摩器、引春喷水织机、宝石工业用缝纫机、康贝斯血糖仪等产品设计项目，取得国家实用新型专利28项，外观设计专利88项。在国内外核心刊物发表学术论文10余篇，出版设计类书籍2本。国内知名工业设计论坛www.billwang.net的发起人及总版主

李久来

男，1976年出生

2001年毕业于中国美术学院工业设计系

毕业后任教于浙江科技学院设计与艺术学院

近年来，一直与企业保持良好的合作关系，为多家企业开发了多款产品并受到市场好评，如老板实业集团有限公司的电饭锅、汉尔姆（中国）有限公司开发办公家具、办公隔断等产品、苏泊尔公司设计开发高端系列炊具产品等。2005年5月受德国汉诺威科技大学邀请赴德作学术交流，并考察了凤凰设计、WMF等多家著名的设计公司。回国后和德国设计专家合作为中国和德国企业提供设计服务。主要研究方向是家具设计、五金产品设计和家电设计

张宝荣

女，1973年7月出生

1997年毕业于燕山大学工业设计系

2001年任教浙江科技学院设计与艺术学院工业设计系

2003年中国美术学院工业设计进修

2008年浙江大学工业设计专业攻读硕士学位

张　晖

女，1980年2月出生

2002年毕业于江南大学工业设计系

2002年起任教于浙江科技学院工业设计系

2007年毕业于中国美术学院工业设计系，获硕士学位

目前研究方向为人性化设计及设计与材料

裘 航
男，1979年4月出生
2001年毕业于中国美术学院工业设计
2003年任教于浙江科技学院艺术设计学院工业设计系
2010年毕业于中国美术学院工业设计系，获硕士学位

潘小栋

男，1979年11月出生

2003年毕业于中国美术学院工业设计专业，获学士学位

2009年毕业于中国美术学院设计艺术学院，获硕士学位

2003年起任教于浙江科技学院工业设计系

主研方向：产品设计方法，计算机辅助工业设计

主讲课程：《产品快速表现》、《产品设计》、《快题设计》、《计算机辅助产品表现》

曾获设计奖项：2004年 UTSTARCOM手机设计大赛一等奖

2008年第二届中国五金产品工业设计大赛“众泰杯”汽车设计大赛 银奖

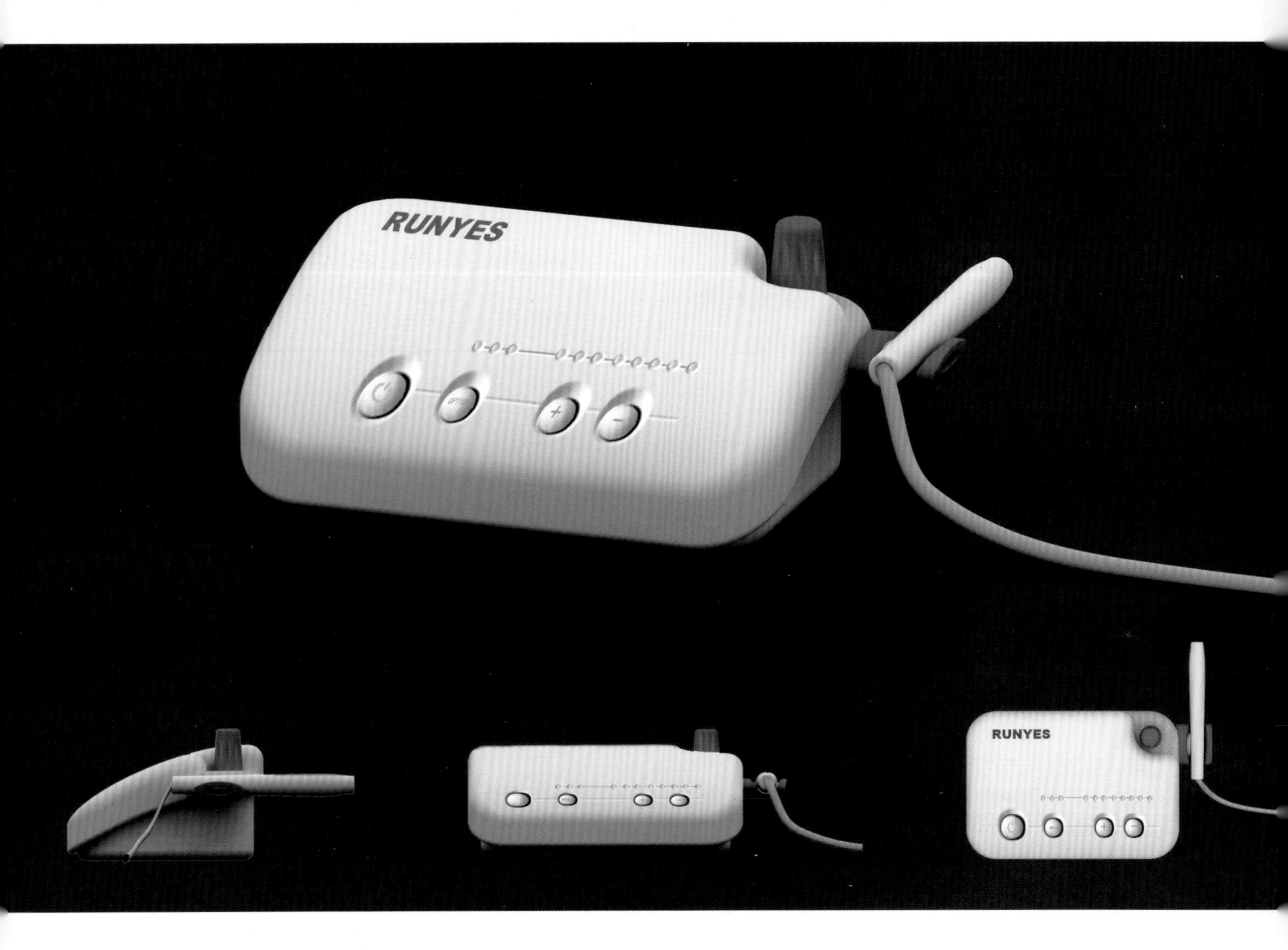

谭 宁

女，1977年11月出生

2000年毕业于湖南大学工业设计系

2003年毕业于江南大学设计学院，获硕士学位

2003年就职于浙江科技学院机电系

2005年就职于浙江科技学院艺术设计学院工业设计系

研究方向：设计社会学、设计心理

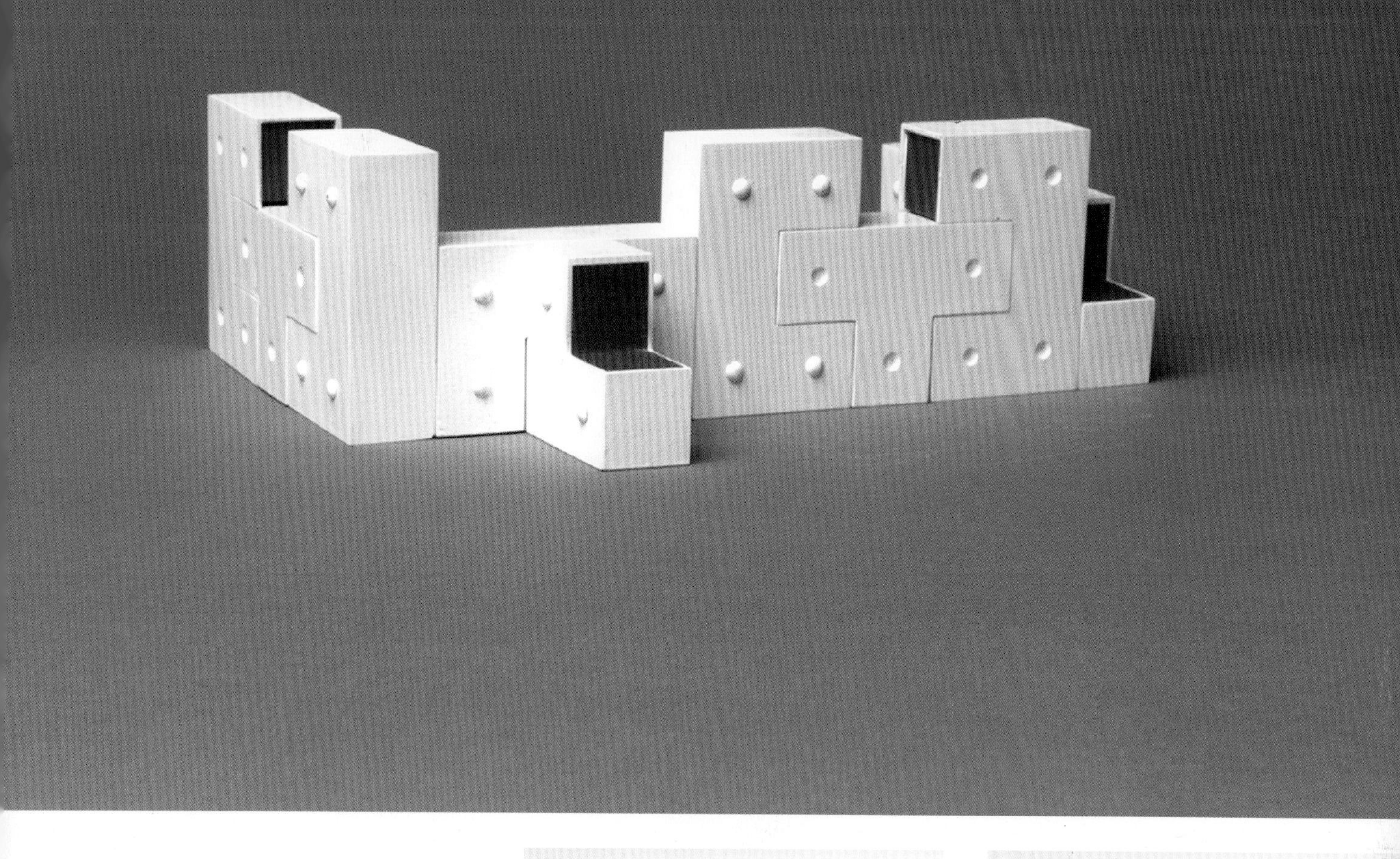

蒋佳茜

女，1981年出生

2003年毕业于中国美术学院工业设计系，获学士学位

2003年任教于浙江科技学院艺术设计学院工业设计系

2007年毕业于中国美术学院设计艺术学院，获硕士学位

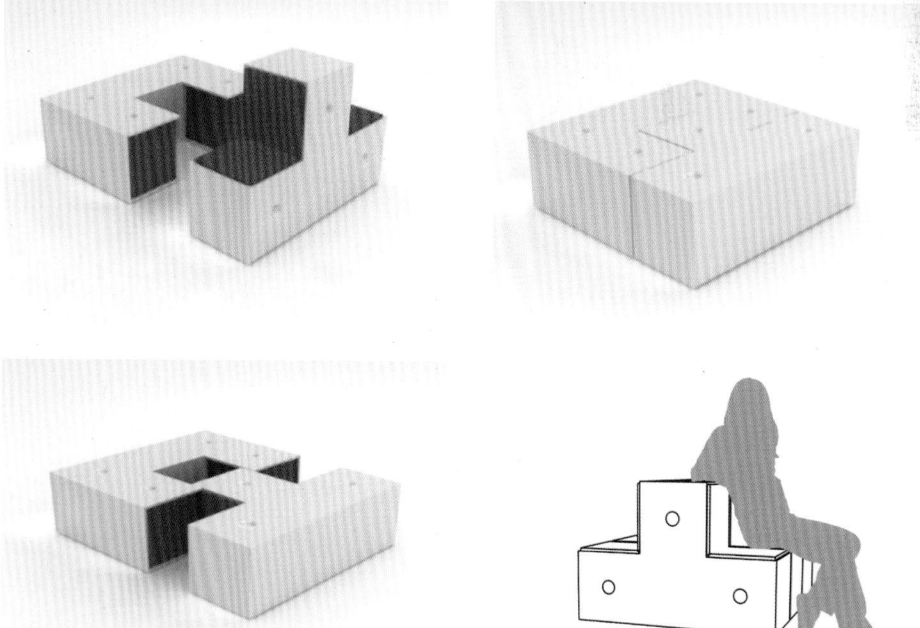

TONE DESIGN

郑林欣

男，1980年2月出生

2005年毕业于浙江大学工业设计系，获硕士学位

现正攻读数字化艺术与设计博士学位，从事工业设计实践与理论研究工作

为国内外企业开发过家电、医疗设备、叉车等产品

江 南

男，1982年1月

毕业于中国美术学院工业设计系，获硕士学位

浙江省工业设计学会会员

同人环境艺术资讯有限公司设计顾问

ID-Signs工业设计有限公司设计总监

现任职于浙江科技学院艺术设计学院工业设计系

朱吟啸

男，硕士，1982年出生

2007年分别毕业于浙江科技学院艺术学院工业设计专业

以及德国汉诺威应用科学大学设计与媒体学院工业设计专业

现任职于艺术学院工业设计系，并负责中德交流事宜

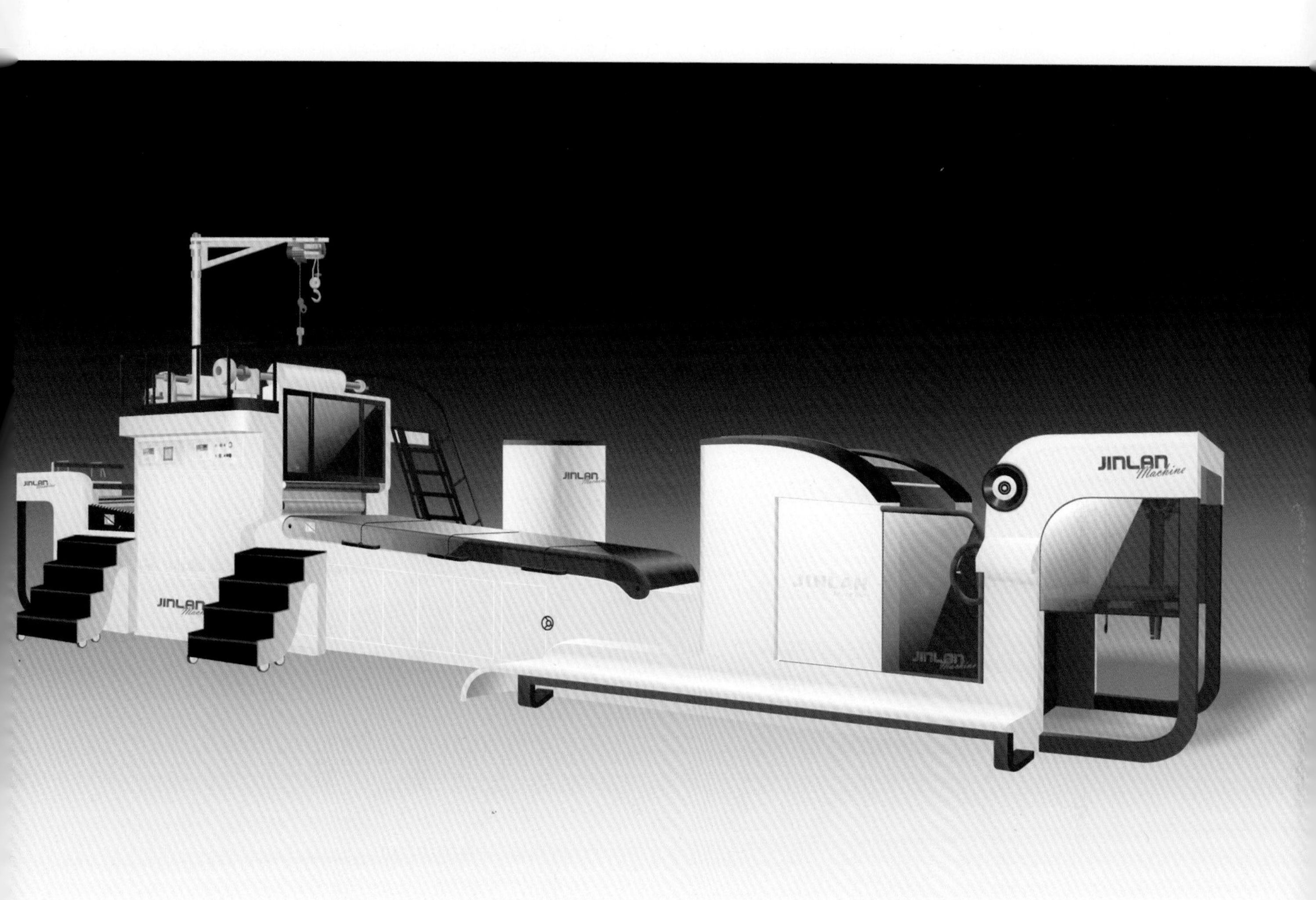

华梅立

男，1979年6月出生

2008年毕业于江南大学设计学院，获硕士学位

现从事艺术学院交互设计与用户研究实验室建设

研究方向：交互产品原型构建，用户界面设计与用户研究

王 卓

女，1984年8月出生

2006年毕业于浙江大学工业设计系，获学士学位

2008年工作于法国设计师Matali Crasset工作室

2009年毕业于法国兰斯艺术与设计学院，获硕士学位

2010年任教于浙江科技学院艺术设计学院工业设计系

浙江科技学院艺术设计学院工业设计系介绍

浙江科技学院艺术设计学院创建于1988年，学院设有艺术设计、工业设计、服装设计与工程、动画等四个本科专业，学院以“具有国际化视野的设计创新人才”为培养目标，借鉴德国应用型模式，坚持产学合作、坚持项目教学探索，全面锻炼和提高学生实践动手能力、创新意识和就业竞争力，在人才培养方面形成了特色并取得标志性成果。

近几年来，在人才培养方面取得以下的成绩: 2007年艺术设计专业评为浙江省重点建设专业。2009年艺术设计专业立项为国家特色专业建设点。2009年项目教学参与的项目获浙江省教学成果一等奖，国家教学成果二等奖； 同时，工业设计专业获得校重点专业和国家卓越工程师培养计划试点，服装设计专业获校特色专业，视觉传达专业获得人才培养教学实验区立项。

工业设计专业创办于2000年，现为学校重点专业，2010年成功入选教育部首批高校卓越工程师培养计划的试点单位。近年来，工业设计专业与德国多个应用型大学开展合作，学习其教学方法与培养模式，立足浙江的产业背景，面向企业生产第一线开展校企合作，培养具有国际视野的应用型工业设计工程师。经过三年的重点专业建设和教学改革，专业在师资队伍建设、人才培养质量、教学和科学研究水平等方面均得到明显提高。

通过借鉴德国应用型人才培养模式进行教学内容和教学方法改革，形成了“项目引导教学、互动促进创新”的教学特色。项目教学（project design）是德国工业设计教学中最具特色的环节之一，同时也是欧美发达国家工业设计教学中的必设课程。通过实际的设计项目进行教学实践，教师指导学生在实践中发现具体问题并解决问题，将所学理论知识和技能运用到真实的设计实践中去。通过项目教学，加强学生处理实际设计问题的能力，巩固学生知识结构，使学生步入社会后能在较短时间内适应实际的工作要求。工业设计专业立足于浙江产业格局，在课程中积极选择地方企业的实际项目作为项目教学的命题。近几年，已与德国博世公司、浙江苏泊尔股份有限公司等十余家知名企业、设计公司进行过项目教学合作。

随着工业设计越来越受社会重视，每年都有大量的政府、学会、协会、企业举办的工业设计竞赛。选择合适的竞赛并组织学生参赛，将竞赛纳入课程的项目教学中，有助于锻炼学生、增强能力，而竞赛相对企业、设计公司的实际项目而言更注重原创性和概念性，与实际项目的项目教学可以形成良好健康的互补关系。 通过师生的共同努力，以设计竞赛为主题的项目教学取得了丰盛的成果：2007年至今，学生累计取得包括“iF Concept”大奖在内的国家级、省级设计竞赛大小奖项三百多项，几乎等同于本专业在校生数量。在德国iF Ranking University的全球高校工业设计专业排名中，名列前茅。

工业设计专业的学生作品申请外观专利、实用新型专利甚至发明专利的可能性很大，鼓励学生申请国家专利不仅有助于保护学生的知识产权，同时也是对其成果的肯定，有利于就业。辅导学生申请专利尤其是实用新型专利更有助于启发学生的创新思维和对产品结构、功能的深度研究，因此，专利申请也是项目教学中的重要环节。2007年至今，在教师的指导下，学生累计获得国家实用新型专利授权218项，外观设计专利授权475项。

项目教学过程中，重视教学互动，强化课堂讨论，转换教师角色，培养学生的独立思考和表达能力，采取集体辅导（大班教学、课堂讨论）和单独辅导（小组教学）相结合的方式，对共性问题和特殊问题采取不同的指导方案，在项目实践中通过指导、讨论，修改等方式使学生掌握技巧，提高设计能力。课外我们则通过举办讲座、推荐阅读、网络讨论等方式，提高学生学习兴趣、完善学生知识结构。网络已经成为大学生学习生活中不可或缺的部分，通过网络教学互动，有助于对学生的课外学习进行积极引导，也可以加强理解，拉近师生距离。我们和国内最大的工业设计网络讨论区www.billwang.net签署了合作协议，进行资源共享，开设了浙江科技学院的讨论专区zust.billwang.net，教师可以在讨论区答疑、布置课程作业，学生也可以将课程作业进行网络展示。

第二课堂建设也是教学方法改革的重点，设置了大量的开放性实验项目，有针对性地加强学生动手能力和创新能力的培养，弥补课程教学的不足。开放性实验教学的重点在于拓展专业知识和技能，强化设计研究。如交互设计工作坊引导学生进行用户界面的设计探索；而原型建构项目要求学生使用乐高器材搭建设计原型，以生动有趣的手段巩固了工程学课程中的机电知识，促进学生从外观创新走向功能创新。这些开放性实验项目深受学生欢迎，同时也提高了实验室的利用率。

毕业设计是教学环节，从第一届工业设计毕业设计展开始，坚持每年在校外举办毕业设计展，通过向公众开放来达到检验教学质量的决心和目的。可喜的是，在师生共同的努力下，每年的毕业设计公开展都深受好评。最近几年更加注重毕业设计的创新性和互动性，使得展示效果获得了提升，屡次出现观众要求购买学生作品的情况，省内多家媒体对学生作品进行专题报道。

《设计引力》一书几易其稿，历时一年多，它汇集了近年来浙江科技学院工业设计专业的课程教学、项目教学和毕业设计中诞生的优秀学生作品，同时也收集了部分教师作品和校友作品，谨以此作为本专业成长过程中的纪念与汇报。

欢迎指教！